# HOOK POINT

## How to Stand Out in a 3-Second World

# 鉤引行銷

在訊息爆炸的時代運用鉤引點，
只要 **3** 秒鐘就能突圍而出

Brendan Kane

布蘭登·肯恩———著

陳映竹———譯

獻給那些具有才華、智慧以及一顆純淨之心，

言論卻被壓制或忽略的人。


但願此書能成為你的指引，

助你放大你的音量、找到你的力量，

並為世界帶來正面的影響。

# 目次

【推薦序】

# 精通「快速吸引注意力」的藝術

維申・拉克亞尼（Vishen Lakhiani），Mindvalley 創辦人

　　希臘裔美籍工程師兼醫師，同時也是創業家的彼得・戴曼迪斯（Peter Diamandis），最有名的身分是 X 獎基金會（XPRIZE Foundation）創辦人暨董事長。他有句相當著名的名言：「現今的時代，若握有一支智慧型手機在手，那麼你可以取得的資訊，遠比 1990 年代晚期的美國總統還多。」智慧型手機使得地球上的每一個人都有能力可憑藉一己之力，透過研究獲取知識並影響這個世界；又或是藉由分享一些資訊與訊息，對他人、政治和企業帶來影響。換句話說，人類知識的總和就握在你的股掌之間。

　　能夠取得如此大量的資訊是一份禮物，但也造成了一個問題——面對每天如潮水般衝著自己湧來的內容，大部分的人都覺得應接不暇、被大量的訊息淹沒，且壓力倍增。1970 年，美國人平均每天會看到 500 則廣告，[1] 而現在平均會看到 4,000 ～ 10,000 則。[2] 這造成了一個現象，就是人類注意力持續的長度愈來愈短。現在，如果你有則訊息想要讓大眾看到，你可以運用的時間通常只有短短 3 秒鐘。

　　想想看，這個世界跟你的品牌或公司的初次接觸，經常

會是發生在社群媒體上。在臉書（Facebook）上，每分鐘會有 147,000 張新上傳的照片、54,000 個新分享的連結、317,000 則動態更新；[3] 在 Instagram 上，每天會有超過 9,500 萬則貼文；[4] 每日在 YouTube 上的觀看時數則超過 10 億個小時[5] ——能夠讓大家分心的內容多不勝數，而這些都會讓你無法被看見。如果你希望大眾注意到你的品牌或公司（不管是在線上還是線下），那麼無論你喜不喜歡，都一定要精通「快速吸引注意力」的藝術。

幸運的是，布蘭登‧肯恩是位貨真價實的專家，專門協助別人脫穎而出。布蘭登之所以聲名大噪，起因於他決定要搞清楚如何在僅僅 30 天內獲得 100 萬名粉絲。他在達到這項成就之後，把期間的過程寫成一本書《百萬粉絲經營法則》（*One Million Followers*），這本書替他帶來了登臺演講的機會，而我也是因此認識布蘭登。我邀請他到 Mindvalley 一年一度的 A 級慶祝大會上，分享關於數位媒體和社群媒體的知識。我對於他所分享的內容深感佩服，於是聘請他來擔任我的公司、也就是 Mindvalley 的顧問。

在幾個月內，布蘭登就澈底改變了我的團隊，以及我在網路上傳遞訊息的方式。他給了我們不可思議的能力，大幅提高了公司的營收——一旦你有了忠實的追蹤者，就有辦法把重要的訊息傳遞出去。最終，你可以從這些追蹤人數上賺到錢。身為一家經常倡導健康有多重要的公司，布蘭登曾經幫我們傳遞過最重要的訊息之一，就是可口可樂的有害影響和古怪的行銷主張。他指點我們用影片推動一項行銷活動，內容講述的是高果糖玉米糖漿的危害，

在一週內就累積了 1,000 萬次的瀏覽量（而且現在還在增加）。

簡而言之，布蘭登的點子不只讓我們公司蒸蒸日上，還讓我們能夠把重要的資訊散布出去，以影響我們的觀眾，讓他們更具意識，並成為更有力的健康生活推手。這也就是為什麼懂得如何脫穎而出是如此重要——或許你擁有一大堆追蹤者，但若要產生真正的影響，你必須知道怎麼跟他們溝通。

本書會賦予你一套流程，讓你跟潛在觀眾、商業夥伴以及現有的顧客之間，擁有更良好的溝通品質。你會學到如何讓他們保有忠誠度、參與度，並且成為最核心的一群夢想家，他們會支持你的願景、想法與任務。為了讓你開始有所行動，以下是我在替 Mindvalley 提高追蹤人數與觸及率時，所學到的關鍵訣竅：

1. **確認你是在跟誰說話。** 依據受眾量身打造你所要傳達的內容，不管是千禧世代、戰後嬰兒潮世代，或是某個極度特定的族群（如汽車技師）。

2. **成為目標族群的一分子。** 我所屬的那個族群裡，有著一群對於改變、健康及個人成長充滿熱情的人。每個月，我都會特別著重於閱讀書籍、參加某個學程或研討會，並且與具有變革性的領導人合作。我經常去體驗那些讓我更有智慧、更健康、更快樂的事情，接下來，我會跟我的受眾分享這些經驗；因此，我不只是一位導師兼思想領袖，同時也是這個人口族群的一分子——我自己就

是對於變革有所需求的消費者。

3. **知道你的「為什麼」**。也就是說，要知道你之所以在做這件事的理由。我之所以會做我目前在做的事，是基於那些我所謂的「伊芙問題」；伊芙是我六歲的女兒，在我進行任何行動之前，都會問問自己：「這會讓伊芙的世界變得更好嗎？」這就是為什麼我跟受眾的交流，不僅僅是在傳遞與個人成長有關的資訊，同時也是在鼓勵大眾，為那些終將承繼這顆星球的孩子們，創造一個更美好的世界。

4. **內容必須是真實的**。在我傳遞給受眾的內容中，不只會從公司的角度分享想法，也會公開分享我自己遇到的困難和挑戰。過去兩年，我獲得最多互動與留言的貼文，講述的是一些我個人的事件──我父母是如何在一場火災中失去房子、我是怎麼身受重傷又復原的（必須歷經一整年的復健），甚至還有一則貼文，是分享我跟我的另一半為什麼決定要終止婚姻關係。人們會要求意見領袖提供貨真價實的內容，而當你提供真實可靠的內容時，他們也會對你更加關注。

　　布蘭登在本書裡深入介紹了這些訣竅（以及很多其他內容），我猜你現在一定躍躍欲試，想要開始讀了。但在你啟程踏上這段創造影響力的旅程之前，我想要先處理一些你心中可能會

有的阻礙：**我值得被分享出去嗎？我很獨特嗎？我夠特別嗎？人們真的需要聽到我的想法嗎？**

答案是：**你不會知道，除非你去試試看。**所以，何不今天就開始呢？

2008 年，我剛成立公司，當時只出版他人的作品。即便我在某些領域有相當的專業性，還是認為自己太年輕、不夠資格、沒有成就，所以不應該把自己的想法寫成書出版。直到幾年之後，一場災難降臨了——我跟旗下一個最大牌的作家有個合約沒談成。突然之間出現了一個大洞需要填補，我因此下定決心，或許這是一個徵兆，告訴我應該要挺身而出、讓自己成為一名作家。而當我付諸行動的時候，宇宙似乎也支持我的選擇。我的書《活出意義：10 項讓人生大躍進的卓越思考》（*The Code of the Extraordinary Mind*）不只登上《紐約時報》（*New York Times*）暢銷書排行榜，還成為亞馬遜（Amazon）排名第一的暢銷書。但是，我拖了整整三年才寫完這本書，因為我不覺得自己有資格出書！

我們都會面對那些缺乏安全感、充滿懷疑的時刻——那些我們覺得自己不值得的時刻。要知道，這些時刻往往只不過是自我設限罷了。走出你畫地自限的框架，全力以赴吧！當你讓想法流向一個會提供解析、評論、參與以及互動的世界時，你的點子就會變得愈來愈完善、有所成長，也會更加強而有力。與大眾的意見和回饋做朋友吧，**做，就對了！**當你練習使用布蘭登在本書中所分享的工具時，你會變得愈來愈上手。

【前言】

# 活在 3 秒鐘的世界裡

　　數位媒體與社群媒體重塑了我們的世界，形成一個注意力愈來愈微型化的世界。在數位平臺上，每天會有超過 60,000,000,000 則訊息在流竄，我們會不斷收到為數驚人的資訊，無論是文字訊息、推播通知、電子郵件、廣告，或是社群媒體上的貼文，我們的大腦都得去適應、處理比過去更大量的內容。事實上，每個人平均每天會花 11 個小時與數位媒體互動（包含數位影片、音訊、電視、報紙、雜誌等等），[6] 甚至平均會滑過 91.44 公尺長的內容；[7] 人們一週會使用 1,500 次手機，每小時會查看電子郵件收件匣 30 次；[8] 每 60 秒，臉書就會有 400 位新的使用者、317,000 則動態更新、147,000 張新上傳的照片，以及 54,000 則新分享的連結。[9] 每天大約會有 9,500 萬張照片和影片被分享到 Instagram 上，[10] 每分鐘會有超過 500 個小時的內容被上傳到 YouTube 上。[11] 每天還會有約 40,000 首歌被上傳到 Spotify 上。[12]

　　這種轟炸式的大量刺激，改變了我們處理資訊與相互溝通的方式，線上線下皆是。簡報軟體公司 Prezi 的新研究指出，我們愈來愈認真選擇要把專注力投入於哪些標的；派拉蒙影業

（Paramount Pictures）前數位行銷副總拉森・阿內森（Latham Arneson）曾經近距離見證了這種溝通上的改變，他說：「雖然以前也有很大量的資訊被分享出來，但是在社群媒體出現之前，人們關注、取得資訊的管道比較少；然而，現在各個平臺如洪水猛獸般襲來，逼得行銷人員必須比過去更努力競爭。現在讓人分心的東西比以前多太多了。」

分享力公司（Shareability）總裁兼策略長艾瑞克・布朗斯坦（Erick Brownstein），曾經替足球選手 C 羅（Cristiano Ronaldo）、奧運、Adobe 和 AT&T，以及其他許多大公司與名人製作過數位內容，他也同意這一點，他說：「現在的內容不只是變多了，品質也變好了。你得要去競奪大眾有限的時間和注意力，有太多東西會讓人分心了，很多訊息都會迷失在這裡頭。」

布朗斯坦進一步表示，現在，即便你計劃在公車的車身或告示板上投放廣告，都要思考如何讓你的行銷素材在數位生態體系裡被分享出去，這點相當重要。在說故事的過程中，你需要以社群媒體和數位優先的眼界來思考，因為這會影響到你要說哪種類型的故事，以及你要如何說這些故事。新情勢提高了受眾們的期待，而當你成功做到這些事的時候，就能讓你的訊息更符合他們的口味。

曾多次創業的創業家蓋瑞・范納洽（Gary Vaynerchuk）也支持這個論點，他相信我們大大地低估了網路的力量。他說：「如果你不適應消費者注意力的轉變，你就會失敗。每天都有非常多

的人白費金錢在行銷上，因為他們追逐著『曾經』有效的事情，但真實的情況是，過去有用的戰術，放在今天，可能會讓你的公司關門大吉。」[13]

為了因應人們行為上的轉變，臉書改變了觀看次數的計算機制。臉書原本是計算動態牆上影片被載入的次數，後來改為計算影片的 3 秒觀看次數。他們之所以這麼做，是因為大部分的人都只是滑過動態，注意到廣告的時間根本不到 1 秒鐘，但臉書卻會按照觀看次數向廣告主收費，使得這些廣告主大為光火。臉書影片產品經理麥特・裴克斯（Matt Pakes）認為，3 秒鐘表示一個人有意願觀看這支影片，他說：「如果你在一支影片上停留的時間超過 3 秒鐘，對我們而言就是一個訊號，這告訴我們，你不只是單純滑過這些動態而已。」

YouTube 創作者漢克・格林（Hank Green）對臉書的影片觀看計次標準做出批評，他表示臉書「把某個完全不能算是計算觀看次數的方法稱為觀看次數，結果導致情況變得更複雜。」[14] 然而，無論這場辯論孰是孰非，此一決定都影響了我們在臉書和 Instagram 上消費內容的方式，這一點不容忽視。臉書（以及絕大部分的社群平臺）的演算法，是為了推播那些足夠吸睛並抓住人們注意力的內容。大部分的影片都無法達到 3 秒鐘的標準，所以演算法會協助將那些最好的、真正有辦法持續抓住大眾注意力的內容推到較為優先的順位。

我為了本書在做研究的同時，檢視了自己的行為模式，也跟

行銷專家和朋友們談過，於是，我意識到世界已經不一樣了。我的注意力持續的時間無疑變短了。內容、想法——甚至是人——都必須更努力才能脫穎而出。如果無法在一開始的 3 秒鐘內（或者是你可以擁有對方注意力的那個轉瞬之間）抓住人們的注意力，那你便不可能讓他們注意到你接下來的故事、產品和服務。這也就是為什麼本書的焦點是放在發展鉤引點上——讓你不管是在線上或線下，都可以在最一開始的 3 秒鐘抓住群眾注意力，如此才能贏得接下來的 10 秒、30 秒，以及 60 秒，繼續把你的訊息講完。

　　蓋瑞·范納洽也認為，學會成功抓住注意力的技巧，是自己成功的主因所在。[15] 他解釋道，你的企圖應該是要抓住終端消費者的注意力。你要跟受眾建立真實的關係，這是讓你達成高不可攀的目標的方法。舉例來說，凱莉·詹娜（Kylie Jenner）與她的社群受眾建立了強而有力的連結，並利用如此強大的關注度，以 6 億美金的價格賣出公司 51％ 的所有權。[16] 她之所以做得到，是因為她知道要怎麼抓住注意力，以及如何簡易且大規模地維繫這些關係。

　　很多人都清楚自己是誰、在做些什麼——但鮮少有人知道自己為什麼這麼做（如同作家暨勵志演講者賽門·西奈克〔Simon Sinek〕用流利文筆與燦爛口才所教給我們的概念一樣，這一點接下來在本書中也會討論到）。即便品牌和個人很清楚這一點，往往還是很難長時間維持住潛在受眾的注意力，讓他們花費足夠

時間去了解你這個人或是你的品牌。很多人都擁有非常厲害的產品或服務，但就是沒能取得重大的成就，這是因為他們不知道要怎麼有效地談論自己在做的事。就像艾瑞克・布朗斯坦所指出的，一般來說，人們在乎的都是自己，而不是**你的品牌、產品或公司**。如果你的行銷素材老是把聚光燈打在自家品牌上，人們的注意力就會渙散，對你充耳不聞、視而不見。你有沒有過這種經驗，對方在約會時自始至終都在談論自己的事？**超無聊！**如果你把主要的焦點放在推銷品牌上，那麼這個品牌注定會失敗；反之，品牌需要思考如何把價值帶給受眾。

　　這種新的現實為行銷人員帶來嚴峻挑戰——你要怎麼越過那一大堆雜音？我的第一本書《百萬粉絲經營法則》（www.OneMillionFollowers.com），重點在於教讀者如何對抗演算法，以及如何創造引人入勝、扣人心弦的內容，進而在社群平臺上獲得大量的受眾和成長。在本書中，我則會帶你一步步熟悉這套鉤引點的流程，這會讓你在我們所生活的這個 3 秒鐘的世界裡，抓住人們的注意力，進而替你帶來新機會、可以有所創新，並促使公司擴張及成長。而且，創造出引人入勝的內容，對於線上和線下的環境都很有用。

　　知道如何使用鉤引點對你頗有助益，你將會成為一名更成功的行銷人員、變得更擅長溝通，也會擁有一個核心概念，並奠基於此來擴張企業，成為世界級的品牌。這是一項舉足輕重的商業工具，值得行銷人員花時間和注意力來學習。

　　無論現在在看這段文字的人是大學剛畢業的新鮮人，還是一位經驗豐富的億萬富翁，我發現位於光譜兩端的人，對於如何把訊息包裝得言簡意賅又能吸引他人，同樣都覺得相當棘手。不幸的是，如果你不知道要怎麼做到這件事，會讓你錯失良機。

　　我撰寫本書是因為打從心底相信，若能理解怎麼使用鉤引點，就可以幫助個人、企業和品牌脫穎而出，還能更快速一致地達成目標。在面對客戶的時候，這正是我首先會著手的議題，因為如此一來，客戶就能大幅提高自身成就。

　　厲害的鉤引點不只能讓你在 3 秒鐘內抓住大眾的注意力，還能讓他們持續把注意力放在你身上，甚至在未來好幾年內，都會去做出特定的行動。

　　我每天都在使用鉤引點的流程來幫助他人嶄露頭角，所以，如果在這個過程中，你希望有人可以進一步協助你理解如何變得與眾不同，並且讓你們公司有所創新，或者是你對於本書中的主題有任何問題，都歡迎你隨時寫電子郵件聯絡我：kane@brendanjkane.com，或是造訪網站：www.HookPoint.com。

第一章

# 鉤引點

## 你最新的祕密武器

# HOOK POINT

　　每當你在滑手機、讀新聞、看電視、聽廣播或瀏覽廣告看板時，都會有大量的訊息、內容、廣告排山倒海地湧入，把你淹沒。若要真正脫穎而出、抓住人們的注意力，你需要一個有效的鉤引點，否則你的訊息就會在一堆雜音中消失得無影無蹤。鉤引點是什麼？鉤引點的組成可以是**文字**（例如一句短語、一個標題或一則文案），**一個見解**（源自於統計數據，或是根據專業觀點、哲學，或者是某人的想法），**一個概念、點子或編排**（例如一張圖或一支影片），**一個人物或表演**（例如音樂、運動項目、演技或一段韻律），**一項產品／服務**；或是上述元素的其中幾項、甚至全部的組合。鉤引點在線上與線下都用得到，其目的是要在最短的時間內吸引觀眾的注意力。（如果你想要更深入一些，並親眼見識幾種常見的鉤引點案例，請至 www.hookpoint.com/training。）

　　我和我的團隊常常會以鉤引點為目標，以便在 3 秒甚或更短的時間內，抓住某個人的注意力，特別是在替數位與社群平臺設計內容的時候。鉤引點的目的，是要幫助你引起人們的興趣，進而使他們想要更深入了解你的內容或公司。鉤引點可以替你帶來新的潛在客戶、讓你成功推出產品、讓社群上的追蹤人數大幅增加、帶來大量營收、讓你拿到高薪職缺的面試機會、讓你在會議中表現亮眼、成功拿到一個 A 級客戶，或是達成其他事業相關的目標與期望。

　　「鉤引點」一詞是過去百年間，從廣告與品牌經營中的多個

不同概念衍生而來，我不會說自己發明了跟這個概念相關的所有點子，我只是用不同的方式去表達，並重新定義了那個曾經被視為主調、雜誌標題、一個「線索」或是「偉大點子」的東西（在品牌經營中還有很多各式各樣的用語，這只是其中一些而已），以符合目前數位環境下微型注意力的文化。

　　偉大的廣告，大部分都是從一個堅實的鉤引點開始，這是因為廣告的設計就是要引發人們的注意和關心。品牌策略師、同時也是世界頂尖的文案寫手之一——克雷・克里蒙斯（Craig Clemens），他賣掉的產品總計超過 10 億美元（你可以在 Instagram 追蹤他：@Craig），他是金河馬公司（Golden Hippo）的共同創辦人，也是直面消費者（direct-to-consumer）行銷方面的領袖。成長過程中，他一直都在廣告界最厲害的幾位文案寫手身邊學習。具傳奇性的蓋瑞・哈伯特（Gary Halbert）是他最喜歡的文案寫手之一，哈伯特最厲害的行銷活動，是為托娃・鮑寧（Tova Borgnine）的一支香水產品線而製作。托娃・鮑寧是影星歐尼斯・鮑寧（Ernest Borgnine）的妻子。哈伯特在報紙上登了一則廣告，宣告他們即將在洛杉磯世紀廣場飯店（Century Plaza Hotel）舉行產品發表派對，標題是：「托娃・鮑寧鄭重起誓，她最新推出的香水不含任何非法性興奮劑。」副標題則是：「知名影星之妻為了證明其新發表的香水安全無虞，可於公告場合使用，因此同意發放 10,000 份試用品。」超過 7,000 名民眾現身飯店現場，而且，要不是警消人員攔住其他民眾，可能還會有更多

人闖進來。

　　這個鉤引點產生的效果令人驚豔——這則廣告帶來了最大的幾家連鎖百貨公司的採購訂單，而這個事件也被寫進了《時代》（*Time*）雜誌裡。最後，鮑寧每個月的毛利從 2 萬美元成長到 80 萬美元（這發生在 1977 年，因為通貨膨脹的關係，這筆錢現今的價值可能是 10 倍左右）。[17] 克里蒙斯認為這個鉤引點之所以大獲成功，是因為這則廣告利用了一項事實：人們噴香水是為了吸引異性。哈伯特將這點發揮到極致，運用這個概念引人上鉤，讓大眾認為這款香水可以帶來極大的吸引力，以至於很難相信裡頭不含非法成分。

　　恩尼斯・路賓納奇（Ernest Lupinacci）是一位傳奇性撰稿人，也是廣告公司不規則事務所（Anomaly）共同創辦人兼恩尼斯工業（Ernest Industries）創辦人暨董事長，他分享過自己最喜歡的長文案鉤引點之一，來自於 Timberland 靴子：「你的眼睛已然凍僵，皮膚已經發黑，實際上，你已經死了。現在，我們來聊聊靴子。」路賓納奇認為，這則文案的作者顯然是在查「**失溫症**」一詞的定義時想到這個點子，於是他寫了一個標題，用很戲劇化的方式簡述失溫症的症狀。接著，他寫了一篇關於失溫症的文章，並且將靴子的各式創新性能與設計元素，都融入文章裡。對於那些渴望從事戶外活動，卻又不想在過程中被凍死的人來說，這篇文章就會吸引他們的注意力。路賓納奇補充道，這個鉤引點的戲劇性讓大眾可以立刻理解這則廣告（他們甚至不需要去讀其

餘文案），而這只是稍微展示一下厲害的鉤引點多麼有力量。

　　打從我有記憶開始，對文案寫作來說，鉤引點一直都是一個很重要的部分，如今，在我們所處的這個 3 秒鐘的世界裡，它更是至關重要。路賓納奇解釋道，對於從事傳統廣告業的人來說，「想在電視廣告上有所突破變得更難了，因為品牌必須跟幾乎可謂層出不窮的內容競爭，包括網路上病毒式傳播的爆紅短片、在串流影音平臺上都看得到的電影，以及數量多到難以想像的高品質電視節目；此外，難上加難的是，這些影片都是可以隨選隨看的。」

　　因為這些現實問題，路賓納奇強調，能夠發表像是吉普（Jeep）那支〈今天暫時停止〉❶的廣告，是一項非常了不起的成就（你可於此觀看這支廣告：www.brendanjkane.com/Groundhog）。這支廣告是為了 2020 年的超級盃所製作，不只迷人、有趣，拍攝和製作毫無瑕疵，並且忠實呈現了「吉普車品牌的熱情和狂妄無禮」，而且觀眾也可以理解為什麼吉普車被放進《今天暫時停止》的故事裡──這支廣告成功了。雖然那輛 Rubicon 吉普車並不是這部廣告的主角，但這輛車（在比爾・莫瑞和那隻土撥鼠身邊）是個完美的配角，也是廣告裡很關鍵的部分。路賓納奇的評

---

❶　譯注：《今天暫時停止》（*Groundhog Day*）為 1993 年的電影，由比爾・莫瑞（Bill Murray）主演，描述一位天氣預報員始終重複過著土撥鼠日（2 月 2 日）這一天的故事。

語是，Highdive 廣告公司、O Positive 製片公司以及吉普，成功
傳遞了一個品牌置入的內容：「達到每個品牌置入內容都應該要
做到的事，也就是聚焦在品牌的價值上。」這支廣告展示出，一
個品牌對於消費者的生活會有什麼用處或具有什麼樣的意義。

　　這支廣告之所以奏效，歸根究柢，是因為它有著厲害的鉤引
點。若是缺乏下列這幾個鉤引點：2020 年的超級盃跟土撥鼠日
同一天（2 月 2 日）、比爾・莫瑞是這部同名電影的男主角，以
及廣告就在當初電影的原始地點拍攝等等；這支廣告就不會如此
成功。艾美獎得主、任職橋梁公司（TheBridge.co）的導演兼製
作人邁克爾・約爾科瓦奇（Mike Jurkovac）認為，這些鉤引點幫
助吉普車「在超級盃上大獲全勝」。他也補充說明，這些鉤引點
之所以會成功且有效，是因為比爾・莫瑞體現了吉普這個品牌的
特色——他忠於自我、有點古怪——這種人格特質可以替那些會
買吉普車的人，把所有的線索跟元素都串連起來。

　　不管你是在哪裡發布行銷訊息，都需要使用厲害的鉤引點。
以前，人們只能根據自己所選擇的主題，在印刷品或電視上獲取
內容；現今，大眾在滑臉書、YouTube 或是 Instagram 的時候，
比起以前的世界，轟炸他們的各式內容要多出許多。雖然目標依
然沒變，但現在的內容數量讓行銷人員的工作變得更加困難。約
爾科瓦奇也同意這一點：「不同的人發表在不同平臺上的內容，
真的有成千上萬種，不管是在電視、平板電腦、手機還是雜誌報
攤上——內容比以前多太多了。若想要有所突破，相當困難。」

　　如果要在雜亂無章的線上世界脫穎而出，鉤引點尤其有效，而這也是一項非常重要的工具，讓你有能力跟那些釣魚式標題競爭。釣魚式標題會吸引大眾的注意力，但卻缺乏實質內容；鉤引點則是一個更好、更有力的選項，因為鉤引點必定會附加在吸引人的真實故事中，並且會提供價值、建立信任與信用（這部分我在後續章節會再深入說明）。鉤引點不是那種會在網路新聞網站 BuzzFeed 出現的熱門文章，據路賓納奇所言，這種文章並不會成功，因為「訂定一個釣魚式標題，內容談的卻是世上最大的橡皮筋球，這並不是真正值得花時間閱讀的內容，對於品牌的建立也沒有幫助」。路賓納奇建議的做法是，你在創造鉤引點的時候，腦袋裡應該要響起《侏羅紀公園》（*Jurassic Park*）的伊恩‧馬爾科姆博士的聲音，以及他那些著名的臺詞，像是：「科學家很擔心自己是否有能力可以創造出恐龍，卻沒想過他們**應不應該**這麼做。」在這個充滿釣魚式標題的時代，我們要把這個概念應用到廣告上。路賓納奇將這個提問改了一下，問道：「這段文案會讓大眾點擊我們的廣告，而我們也有能力做得到——但我們**應該這麼做嗎**？我們想要用這種方式投資自己的品牌嗎？」

　　最重要的是，了解如何創造有效的鉤引點，不只會讓你的品牌有所成長、能夠保持自身地位，還會讓你有辦法生存下去。舉例來說，假如百視達（Blockbuster）當初知道鉤引點的重要性，並做出相關投資，他們可能就不會關門大吉了。網飛（Netflix）剛起步時，百視達是他們最大的競爭對手，而且網飛之於百視

達，絕對是大衛站在歌利亞面前般的處境，❷但是網飛獲勝並拿下了市場，原因正是他們擁有非常強而有力的鉤引點。

　　網飛使用的第一個鉤引點是把 DVD 送到你家門口，而且你逾期還片的話，不會被收取逾期罰金。我在稍後的章節馬上就會更深入討論網飛及其鉤引點，但現在我希望你理解的是，百視達之所以敗下陣來，是因為他們沒有任何原創的鉤引點——他們就只是複製了網飛的鉤引點而已，做得也沒有對手精緻，甚至還漏掉一個最重要的鉤引點，也就是研發有力的原創內容，讓觀眾馬拉松式連續觀看。2010 年，身價一度高達 84 億美元的百視達宣告破產，使得網飛更加壯大，成為一家市值 1,400 億美元的公司（在我寫作的當下）。這家居於劣勢的新創小蝦米，之所以有辦法打敗大型集團這隻大鯨魚，原因就在於他們的鉤引點更多、更有效。

　　在亞馬遜崛起的過程中，也可以發現類似的情況。亞馬遜的市占率是從大型零售業者手中拿下來的，這些店包括：書商博德斯集團（Borders）、Radio Shack、瑋倫鞋業（Payless）、玩具反斗城（Toys "R" Us）、Circuit City、西爾斯百貨（Sears）等等。亞馬遜的方式是運用海量的鉤引點，包含全球最大的書店（他們的第一個鉤引點）、一鍵購買、亞馬遜 Prime 訂閱服務、Kindle

---

❷ 譯注：出自聖經，大衛打敗巨人歌利亞的故事。

電子書、週日送貨服務、亞馬遜 Echo 智慧音箱等。此處的重點是，無論當前的公司規模大小、聲望高低，只要學會透過鉤引點架構去發想出鉤引點，就可以讓你持續創新，並在現今的市場中生存下去。

　　一直以來，人類專注力持續的時間都不長，但現在這個微型注意力的新興時代更加反映了這項事實。世界持續用快到不可思議的節奏在進化，因為數位和社群平臺把我們全都串連了起來，獲取資訊也變得更容易。如同前言中所提到的，我們每天都會被 60,000,000,000 則訊息給淹沒，因此，任何人想要脫穎而出，都變得愈加困難。如果你不在 3 秒鐘內——或者說，在你能夠擁有對方注意力的那個片刻之內——抓住對方的注意力，就無法讓他們注意到你的品牌、商品或服務有著什麼樣的故事。再者，如果你希望品牌可以長久經營下去，就不能只抓住人們的注意力一次——你必須持續抓住大眾的注意力。在本書中，我會教你使用這套鉤引點框架去抓住群眾的注意力，並且一次又一次贏得 10 秒、15 秒、30 秒或是 60 秒（以及更多的時間），以傳達你剩下的訊息。如此一來，你的市占率就不會下降，還能持續保持競爭力、名列前茅。

# 鉤引點 vs. 獨特賣點 vs. 口號 vs. 差異點 vs. 使命

　　有人問過我，鉤引點跟獨特賣點、口號、使命以及品牌目標是不是同樣的東西。答案是：「有時候是。」獨特賣點指的是「某家公司、某項服務或產品，或是某個品牌呈現給大眾的價值和好處，而且這個好處是獨一無二的，可以使其在眾多競爭者中脫穎而出」。[18] 口號是一個「短而有記憶點的語句，會全面應用在你的行銷內容裡，並且應該要傳達出你希望大眾可以從你的品牌連結到的情緒與感受」。[19] 使命指的是一家公司所重視的價值；品牌目標則是品牌存在的原因。在一項行銷活動裡，鉤引點一定要夠吸睛。如果使用你的獨特賣點、口號、使命或是品牌目標作為鉤引點，可以成功讓群眾注意到你，那它們就可以是一樣的東西。

　　舉例來說，先前提過的網飛，在公司剛成立時，最大的競爭對手是百視達，因此，網飛運用的鉤引點是把 DVD 送到你家門口，還片的時候也沒有逾期罰金的問題，而這同時也是他們的獨特賣點。接下來，他們開始製作原創內容，像是《紙牌屋》（*House of Cards*）、《勁爆女子監獄》（*Orange Is the New Black*）、《怪奇物語》（*Stranger Things*）等等，而這也成了他們的獨特賣點。另一個同時具備鉤引點功能的獨特賣點，是他們發明了馬拉松式的連續觀看模式，方法是把某個節目的所有集數一

次全部上架。在這些案例裡，獨特賣點都是很成功的鉤引點。

　　然而，有些時候，獨特賣點（以及口號、使命和品牌目標）不會是鉤引點的最佳選項。迪士尼就是個很好的例子，他們的獨特賣點跟鉤引點不一樣。迪士尼的獨特賣點是利用體驗和內容，讓家人之間的關係變得更緊密，但這滿不明確的，因此他們在行銷活動裡用的鉤引點並不是這一個。為了能夠吸睛，他們會持續發展出不同的鉤引點，讓大家去觀看他們的電影與有線頻道，還有一次又一次回訪迪士尼主題樂園。

　　迪士尼砸重金投資的其中一個鉤引點是「星際大戰園區」。很少人知道星際大戰園區的口號是什麼，或是這個園區的名字是什麼（剛好就叫做「星際大戰：銀河邊緣」〔Star Wars: Galaxy's Edge〕），但是，大家都知道加州迪士尼樂園和佛州迪士尼世界在 2019 年有新的園區開幕了，而且主題是《星際大戰》，這讓他們躍躍欲試，想要前去體驗。迪士尼剛開始使用這個鉤引點時，有點不太順利——有些人認為這就是門票漲價的原因，也有人擔心要花更多時間排隊搭乘遊樂設施。（可以觀察看看這個鉤引點的長期效果會如何，應該滿有趣的。）迪士尼已經多次使用跟娛樂性內容有關的鉤引點，以宣傳他們的主題樂園——有很多設施（尤其是比較新的）都是以電影為基礎來設計的，例如《海底總動員》、《星際異攻隊》、《小美人魚》、《玩具總動員》、《小飛象》、《怪獸電力公司》等等；還會有穿著角色服裝的人在園區內遊走、與粉絲見面，例如《冰雪奇緣》的艾莎、米奇和

米妮，以及白雪公主。事實上，迪士尼現在正準備發表一個新的主題園區，專門針對漫威（Marvel）的電影。他們這麼做的原因，大概是因為 2019 年迪士尼的營收當中，最大宗的就是靠主題樂園、體驗和產品賺來的，一共帶來了 262.3 億美元的營收。迪士尼的媒體網絡替主題樂園提供了燃料，使其在 2019 年賺進 248.3 億美元的營收。在迪士尼 2019 年度 715.4 億美元的總營收中，僅有 111.3 億是來自於迪士尼工作室的娛樂內容（即迪士尼電影）。[20] 由於事實證明主題樂園是超級強大的印鈔機，於是迪士尼也更進一步投資，併購了皮克斯（Pixar）、漫威和盧卡斯影業（Lucasfilm）──這些對於迪士尼的品牌和事業來說，都是力量極大的鉤引點。[21]

　　體育品牌 Nike 也是一個很好的例子。Nike 品牌的鉤引點，與它的獨特賣點、口號、使命以及品牌目標都不一樣。他們的口號是「做，就對了」（Just Do It），他們的鞋子則是獨特賣點，他們的使命是「將靈感與創新帶給世上每位運動員」，[22] 而他們的目標則是「用運動讓世界團結起來，替每個人創造出一個健康的世界、活絡的社區以及公平的競爭環境」。[23] 這些元素皆未反映出 Nike 的鉤引點。他們在行銷活動裡使用的鉤引點，跟他們的口號、獨特賣點、使命以及目標保持一致，但是，真正讓大眾關注到這個品牌，並想要進一步了解其價值的鉤引點，其實是他們贊助的運動員和名人，像是勒布朗・詹姆士（LeBron James）、小威廉絲（Serena Williams）、凱文・哈特（Kevin

Hart）、麥可・喬丹（Michael Jordan）。與運動員和名人之間的連結，替 Nike 帶來了媒體報導與曝光率，讓他們可以用創新的方法將自己的訊息傳遞出去，而這也是他們成為全球最大的運動員贊助商的原因之一。Nike 每年斥資超過 60 億美元在贊助和代言上，[24] 代言是這個鉤引點中很重要的一個部分，也帶來了收益。

文案寫手克里蒙斯（就是前面提過的那位）分享了 Nike 鉤引點的演進史。他解釋道，剛開始，Nike 的鉤引點是他們製造的最厲害的跑鞋。當這個鉤引點的效果漸漸消褪的時候，他們很高明地開始將職業運動員當成鉤引點（請記得這是在 1972 年，當時品牌代言還沒成為一個大型產業）。Nike 首先贊助的幾位運動員是羅馬尼亞的網球選手伊利耶・納斯塔塞（Ilie Nastase）、在奧運田徑項目中爆紅的明星史提夫・普瑞方頓（Steve Prefontaine），以及籃球選手麥可・喬丹。現在，Nike 贊助了海量的運動員，而且總是有正在養成的全新鉤引點。

最近，奧運考慮要禁止 Nike 的 Zoom Vaporfly 跑鞋，這件事儼然已成為一個絕佳的鉤引點。體育暨科學記者艾力克斯・哈欽森（Alex Hutchinson）說明道：「男子馬拉松史上最快的五個紀錄都是在近 13 個月內跑出來的，而這些跑者穿的都是 Vaporfly 這款跑鞋。」科學家認為 Vaporfly 會讓跑者提升 4%的效率，亦即會讓他們更有優勢，而且這雙鞋真的幫助跑者打破了世界紀錄，在這之前，從來沒人想過人類會有這種可能性。[25] 這場爭

議是個很棒的鉤引點，會讓消費者渴望擁有這雙鞋。

　　鉤引點一直在推陳出新，但是 Nike 品牌始終如一，他們在做的事情也依舊沒變；只是他們的鉤引點一直在進化，以持續抓住大眾的注意力，進而帶領人們看到品牌的基礎。鉤引點一定要持續進化，因為隨著時間流逝，文化和消費者都會改變——鉤引點必須要順應潮流，以符合大眾的要求。然而，Nike 的核心仍舊不變，這個核心就是他們的獨特賣點，以及那個始終如一的口號。

　　另一個需要改變鉤引點的原因在於市場的飽和，因此，品牌需要尋找新的方法，才能抓住大眾的注意力。今天有效的方法，六個月後不一定還有效，尤其是當競爭對手也抓到重點，試圖使用類似的鉤引點時。Nike 理解這件事，也精通這件事。他們持續推陳出新，想出新的鉤引點，但同時也不失焦，始終圍繞著他們是誰、為了什麼而存在的核心——他們從來不會用吸睛但背後缺乏實質內容的釣魚手法。Nike 的鉤引點跟品牌的核心價值一致，會把群眾帶到他們的故事或是環境裡，讓口號、獨特賣點、使命以及品牌目標可以持續存在，並提供更多意義。

## 敲開 MTV、《Vice》雜誌，以及泰勒絲的大門

　　我整個事業生涯都在運用這套鉤引點流程，這是我成功的關鍵要素。鉤引點讓我有辦法抓住 MTV、泰勒絲（Taylor

Swift）、《Vice》雜誌、派拉蒙影業這樣的客戶，並且拿到出版合約、Podcast 的採訪邀約，以及在電視上露臉；鉤引點甚至讓我在 30 天內，在社群媒體上獲得了百萬追蹤數。

雖然我一直以來都很擅長創造鉤引點，但我卻是在 2005 年搬到洛杉磯去追求電影事業的時候，才真正意識到鉤引點的重要性有多大。我從基層開始做起，在湖岸娛樂（Lakeshore Entertainment）擔任製片助理——這家製片公司負責電影製作，像是榮獲奧斯卡獎的《登峰造擊》（Million Dollar Baby）、《決戰異世界》系列（Underworld）、《男女生了沒》（The Ugly Truth），還有其他無數部電影。當時，我覺得自己很渺小、被淹沒在追求這份事業的眾多人才當中。我覺得自己永遠都不可能在電影產業裡爬到高位，但是，後來我按照本書所描述的這套流程去做，不到一年的時間，就成為湖岸娛樂第一個數位分部的負責人。透過傾聽與了解製造鉤引點和故事的方法（我在本書要教你的就是這個），我傳達出強而有力的鉤引點和價值主張，替自己促成了快速的升遷。

然而，快速升遷並不代表過程很容易，我總是在找方法自我創新並脫穎而出。漸漸地，我意識到，我需要想辦法與湖岸娛樂的總裁蓋瑞·盧卡西（Gary Lucchesi）建立連結。當時我會送劇本去他的辦公室，有一天，我聽到他對助理說：「我不懂為什麼公司的新人都不來辦公室問我更多的問題。」他曾經擔任過派拉蒙影業的總裁，也曾是凱文·科斯納（Kevin Costner）、

約翰‧馬克維奇（John Malkovich）、蜜雪兒‧菲佛（Michelle Pfeiffer）的經紀人，有才華又很成功。他很懂這個產業，而且似乎想要指導新人。

　　我一聽到他表達自己想要回答問題的渴望之後，就試著想要跟他約時間，但是他的助理並沒有打算把我放進他的行程裡；為了跨越這個阻礙，我開始在他的辦公室門口等候。他的辦公室是在派拉蒙影業那個區塊，每天下班的時候我都會在那裡等。如果他在講電話或是看起來很忙，我就不會打斷他，但有些時候，他會看向我、跟我打招呼，那我就會陪他一起走去開車，並且提問。

　　一開始，我們的對話總是聚焦在電影製作上，因為這就是我想要做的。我聽他講述自己的痛點，並試著盡可能吸收最多的資訊。這樣專注地聽他說了幾週之後，我發現我可以帶給他獨一無二的價值。

　　我努力展開了一段對話，聊的是我的背景。我用兩個鉤引點抓住了盧卡西的注意力，分別是我在念大學時曾經開過網路公司（這很罕見），以及我很了解數位平臺的運作方式。我讓他明白我可以利用數位平臺，替他現在正在製作的電影進行有效的行銷。這樣的洞察，再加上拿出適宜的鉤引點，讓我在不到一年的時間之內，從負責泡咖啡和影印的個人助理，到創立湖岸娛樂的第一個數位分部。從那時起，我開始被叫去開行銷會議，也會被帶到湖岸娛樂合作的其他電影工作室。各個工作室、導演、演員

以及編劇，也開始會在如何使用社群媒體宣傳電影這方面徵詢我的意見，而一切都是從那兒開始慢慢成長。由於我在數位領域的知識，我甚至還被拉去幫忙重新編寫了黛安・蓮恩（Diane Lane）主演的《Live 殺人網站》（*Untraceable*）的部分劇本——這部電影是關於一個連續殺人犯在網路上直播殺人的故事。

最後，我準備好要找尋新的鉤引點，以便讓我在湖岸娛樂的事業可以更上一層樓。兩年之後，我想到一個點子，那是一種廣告科技，源自於當時我正在對 Myspace 進行的研究。當時，福斯新聞集團以 5.8 億美金併購了 Myspace，而我試圖想要釐清他們會如何運用它來賺錢。在我的研究中，我注意到他們眼前有一整座金礦，卻錯失了最有價值的一種廣告形式。Myspace 的使用者會在自己的個人檔案貼出電影預告片、音樂錄影帶，以及他們喜歡的品牌的海報。人們會跟同儕分享內容——這是絕佳的口碑式廣告，同時也是影響力行銷最早期的型態（當時社群媒體上的網紅都還不存在）。我認為 Myspace 可以善用這種既存於平臺上、同儕之間口耳相傳的廣告模式，以此來賺錢。當時，他們只有依照曝光次數計價（CPM）的橫幅廣告，且收取的費用相當低廉，完全沒有成長，也沒帶來什麼收益，而這也是其商業模式中主要的問題之一。

然而，我所提出的鉤引點的核心，完全在於讓大眾有辦法從這種新型的數位行為上賺到錢。在我剛剛所說的故事裡，我指出了使用者會在自己的 Myspace 個人檔案中貼出電影預告片與品牌

海報，也說明了這是最有價值的一種廣告——朋友之間口耳相傳
著：「你點進去看看這個產品或服務。」我也說明了我們應該要
用這來賺錢；不要再賺取那種每千次曝光 1 美元的費用了，你可
以按照點擊次數向企業收取每次點擊 1 美元的費用（也許還能更
高）。我也分享道，在這個概念下，社群媒體廣告能夠有什麼樣
的潛力。

　　現在回頭去看，那項科技可說是史上第一個社群網紅廣告平
臺。Myspace 的使用者可以從我們的圖庫中選擇，找到一些與他
們所熱衷的事物有關的電影預告片、商業廣告或橫幅，並將那份
素材放到他們的 Myspace 頁面上。接下來，只要有其他使用者跟
這些廣告進行互動，那麼把這些內容放在自己個人檔案頁面中的
使用者就會收到款項。這與今日的網紅平臺非常類似，但那可是
在 2007 年，當時網紅尚未真正問世。我在自己都沒有意識到的
情況下，就已經打好了基礎，建立跟網紅合作的商業模式，也勾
勒出社群媒體的網紅最後會成為什麼模樣。

　　起初，我把這個點子告訴湖岸娛樂的總裁和另一位商業顧
問，他們兩人最後都投資了這項科技，而我則替平臺建立了一組
模型，完成後，我們就開始帶著這組模型四處奔走，向不同的生
意夥伴提案。

　　在那段期間，我被迫精進我在本書裡要跟你們分享的這套流
程。當你還只是個剛入行的毛頭小子，卻試圖要讓大公司或大型
企業夥伴注意到一個截然不同的新創科技，那你就必須相當伶牙

俐齒且獨樹一幟。最重要的是，你得要**脫穎而出**。你需要搞清楚如何抓住他們的注意力，同時還要建立信任與信用，否則，大公司通常不會與你會面；就算見到面，他們也不會認真把你當一回事。

我們後來跟 Viacom、MTV、雅虎（Yahoo!）、派拉蒙、米高梅（MGM）、福斯（Fox）、Myspace、臉書（當時臉書員工還不到 400 位——所以，是的，我很懊悔那時為什麼不更努力一點跟他們談妥生意）都安排了會議討論；最終，我們跟 MTV 談到授權合約。透過這項合夥關係，我們創造出幾個不同版本的平臺，並運用電玩遊戲《搖滾樂團》、《Vice》雜誌、MTV、鄉村音樂電視、Viacom 做測試，也都取得了成功。

很少人知道《Vice》雜誌的影像部門最初是 MTV 和 Viacom 的合資企業，MTV 投了幾百萬美金把這項事業拉抬起來，使其得以營運；《Vice》雜誌在幾年之後將它買了下來。由於當時我把這項科技授權給 MTV 的時候，這兩家公司還是合夥關係，因此我有機會與《Vice》雜誌的創辦人西恩‧史密斯（Shane Smith）和創意部門的領導人艾迪‧莫雷蒂（Eddy Moretti）會面，最後他們也決定要取得這項科技的使用權限。

由於一些複雜的問題（主要是因為這項科技太早出現在數位場景裡了），這項科技到最後都沒有離開內部測試的階段，遑論進到大眾的視野裡。但我不認為這是一場失敗；我從這段過程中學習到很多東西，也跟一些人建立了很穩固的關係。最重要的

是，對本書的主題來說，這個平臺周圍的鉤引點和故事非常引人注目，足以讓人們掏錢購買，也替我鋪好了路，讓我可以發布下一個鉤引點與產品。

　　過了不久，我開始研發另一套網站技術，能夠動態編寫程式碼，類似於我們現在可以透過 Wix 和 Squarespace 等公司所取得的技術。我把一組平臺的模型帶去 MTV，並且以一張面額頗高的支票為代價，把這項技術授權給他們使用。

　　讓他們對這項網站技術感興趣的鉤引點是，因為當時 Viacom（也就是 MTV、VH1、喜劇中心〔Comedy Central〕、黑人娛樂電視臺〔BET〕、尼克兒童頻道〔Nickeloden〕的母公司）正在透過 MTV 的網絡，協助許多音樂人和名流成為巨星，但是，Viacom 並沒有因為任何人的一舉成名而有直接的收益。我的技術對他們來說是一個機會，讓他們可以開始跟其中某些明星和名流發展商業關係；那項工具能幫助名人快速擴張自己的數位事業，而 MTV 則可以分一杯羹。

　　在我們就快要簽訂授權契約的時候，執行長問我想不想跟泰勒絲見個面，討論一下這項產品。當時我還不知道她是誰。她那時正在崛起，但還不是今天的全球超級巨星。我同意了這場會面，而這次的會面主要是跟斯科特・波切塔（Scott Borchetta）談——他是大機器唱片（Big Machine Records）的創辦人（這個品牌最後被賣給斯庫特・布萊恩〔Scooter Braun〕）——當時泰勒絲隸屬於這家唱片公司。

我首次見到波切塔是在洛杉磯、葛萊美獎彩排的後臺，而在某個時間點，泰勒絲大聲唱著歌，走進房裡，我們短暫地聊了幾句。那場會議的重點是，向波切塔解釋這項網站技術對於他們的數位事業的成長，有著什麼樣的價值。事情進行得很順利，那次的會議也帶來幾次跟泰勒絲的父親見面的機會，接下來是她的母親，最後才是泰勒絲本人。

在每一場會議中，我都必須理解每個人是如何看待這個情況的。我得要傾聽他們擔心的是什麼，才有辦法提出符合他們需求的不同鉤引點與價值主張，並解決他們各自特定的痛點。專注聆聽，並針對他們擔憂的點打造出相應的故事，這就是我成功的關鍵。

波切塔和泰勒絲的父親在意的是，他們已經在一個 Flash 網站上花了六位數的錢。他們投資了這麼大一筆金額，但是，若要更新網站的任何部分，卻還是要花上兩天的時間；他們對這件事感到相當挫折。為了解決他們的擔憂，我的鉤引點與接下來的對話方向，就是以他們能夠省下多少錢、使用我們的平臺能做多少事為核心；除此之外，他們也擔心目前首頁的跳出率高達90％，這導致他們網路商店的營收有所流失。我用我們的新技術向他們解釋了導致這些問題的原因所在，並說明我們可以快速優化網站、讓跳出率大幅下降，同時提高人們在網站上的停留時間。我們在幾個小時內就能建好一個全新的網站，而他們團隊裡的任何一個人都可以持續更新網站，而且不需要知道如何解讀與

編寫程式碼。

　　這些鉤引點吸引了他們，因此最後我也建立起足夠的信任，可以直接跟泰勒絲談，那時我對於她想要什麼已經有相當多的資訊了。根據與她的各個團隊成員的討論，我意識到她是事必躬親的類型。她很喜歡查看並客製化自己的社群檔案，也會積極跟粉絲互動；無法像更新社群媒體帳號那樣去更改自己的網站，這點讓她感到很沮喪。

　　我們會面的時候，我向她展示了我們用自家技術替她建立的全新網站，而且整個過程只花了不到 6 小時。我一步一步地讓她看到，她可以在幾分鐘之內就改變網站的任何部分，而且她本人就可以親自進行全部的操作，不用去改動程式碼。我甚至讓她自己拿滑鼠改掉整個網站的底圖，放上不同的專輯封面，也讓她了解如何改變網站的導覽系統。她親自體驗到這項技術能讓她快速表達自己的創意，而這就是讓她興奮的點。那場會議過後，我們替這個平臺簽到第一個大客戶，也就是泰勒絲。

　　你將會在本書中學到一套流程，你會知道該利用哪些鉤引點。如果你按照這套流程去做，就會有更多機會參與這種夢寐以求的大型會議，而這會讓你更有效地行銷產品與服務，無論線上和線下都是。

　　（如果在任何時間點，你希望有人進一步協助你更深入理解如何脫穎而出、讓品牌有所創新，歡迎聯繫我：bkane@brendanjkane.com，或請見 www.brendanjkane.com/work-with-brendan）。

# 好的鉤引點可以改變世界

我在事業剛起步的時候，就明白對於成功行銷、塑造品牌、定位自己以及通往成功而言，有效地使用鉤引點是相當關鍵的。然而，我是在跟我的朋友文案寫手克雷・克里蒙斯聊過之後，才發現厲害的鉤引點不只可以讓人取得成功，而且真的可以改變世界。

我跟克里蒙斯在聊鉤引點及其可能帶來的影響時，他分享到，1920 年代有一位名叫克勞德・霍普金斯（Claude Hopkins）的紳士（現代行銷學之父、廣告界的偉大先驅），他造就了許多品牌，其中有些直到現在依然存在，包括固特異輪胎（Goodyear Tire）和桂格燕麥（Quaker Oats）。

# 如果鉤引點被用在好的方面……

霍普金斯最有名的故事之一，是關於他如何讓現代社會改變刷牙習慣。1920 年代，有一家名為 Pepsodent 的牙膏商聯絡了霍普金斯，請他幫忙提高牙膏的銷量。霍普金斯說：「嗯，你知道的，這個市場其實滿小的……」這是因為在當時，只有 5% 的人會每天刷牙。現在聽起來滿噁心的，但我們現在的健康標準在當時並不存在；人們一週只有一到兩天會花點時間刷刷牙，除此之外，其餘時間人人都是帶著口臭滿街跑。

　　霍普金斯意識到，要提高 Pepsodent 的銷量，最好的方法就是瞄準那 95％幾乎不怎麼刷牙的人。他想出一個很高明的廣告活動，內容說明了使用牙膏清除牙齒上的生物膜，會讓一個人看起來更乾淨、外貌更姣好。

　　這個活動的特色是運用了海報女郎和帥哥──在當時，他們就像是明星一樣。他們被當作鉤引點，用來呈現那些外貌姣好的人都會刷牙，所以才能讓他們的牙齒保持潔白如新。這支產品的口號是「Pepsodent 讓牙齒更亮白」，而雜誌上的廣告文案則是：「生物膜，就是這層物質奪走了牙齒的潔白。有個辦法能去除這層膜，讓你的牙齒快速再展光彩。」這則文案也說明了你需要使用 Pepsodent，而且是一天兩次；這是一個便宜又快速的方式，會讓你變得更美，看起來就像明星一樣──這支產品另一個很強力的鉤引點。

　　這套宣傳大獲成功。很快地，到了 1957 年，這個曲調已傳遍大街小巷：「用 Pepsodent 刷牙，你都不曉得黃斑跑去哪。」[26] Pepsodent 的供應商面臨供不應求的盛況，它不僅成為 10 年來賣得最好的產品之一，而且是 30 多年來最暢銷的牙膏，更進而改變了許多人的習慣，讓他們開始天天刷牙。10 年之內，刷牙的人口從 5％成長為 65％。

　　正確的鉤引點可以就此改變整個世界，這點相當迷人。套句克里蒙斯的話：「如果你曾經跟有口臭的人接吻過，那你絕對就能理解鉤引點有多重要，以及它們會如何改善我們的生活。」

## 但如果鉤引點被用在壞的方面……

鉤引點也可能被用來讓世界往不好的方向發展。克里蒙斯說道，1962 年，有位名喚愛德華・伯內斯（Edward Bernays）的男士，他是公共關係暨宣傳學之父，正好也是佛洛依德（Sigmund Freud）的姪子。他研讀了佛洛伊德的心理學理論，像是群眾心理學和心理分析，並且將這些理論應用到「消費者公共關係」（consumer public relations）上──這個術語是他發明的，1945 年，他還以此為題寫了一本書。伯內斯創立了有史以來第一家公關公司，成為許多有力人士的夥伴，包括總統們與各企業執行長。有了知識和力量在手，他做了許多相當令人驚豔的事情；不幸的是，他做的並非都是好事。

美國菸草公司（American Tobacco Company）的總裁喬治・華盛頓・希爾（George Washington Hill）詢問了伯內斯，如何才能讓更多女性吸菸。[27] 伯內斯聯絡了心理分析師亞伯拉罕・布里爾（Abraham Brill），這位分析師揭露了一件事：對於女性主義者來說，香菸象徵著不從眾、不遵循社會規範，以及從男性壓迫中解放出來的自由。而伯內斯在宣傳內容中使用的鉤引點，就是以這份見解為基礎。

伯內斯決定要自然而然吸引媒體的注意，並努力讓它看起來不像一則廣告（這在當時是相當具革命性的一種做法）。他決定選在當季最大型的社交活動上實施計畫── 1929 年紐約

市復活節大遊行。許多上流社會人士都有花車，其中包含一組初登場的社交名媛，她們就等同於現在的芭黎絲‧希爾頓（Paris Hilton）和金‧卡戴珊（Kim Kardashian）。

　　伯內斯在遊行前事先聯絡媒體，告訴他們，有一組支持女權的遊行者將會在遊行途中「點亮『自由的火炬』」。[28] 他拿了幾包好彩香菸（Lucky Strike）給這群初登場的社交名媛和其他女性，她們收到的指示是在過馬路時點燃香菸，而伯內斯早已在該地點安排好攝影師，殷切地等著要拍照。1929 年 4 月 1 日，《紐約時報》報導了這個事件，寫道：「一群女孩吞雲吐霧，以此展現『自由』。」[29]

　　關於這群新興社交名媛用自由的火炬宣布自己的獨立和力量的報導，讓女性吸菸率大幅提高。光是那一年，女性吸菸的比例就提高了 7%，[30] 並持續影響了大眾對於女性吸菸的看法。即便時至今日，大家想到吸菸的女性時，腦中會浮現的是像超模凱特‧摩絲（Kate Moss）那樣的人——穿著皮夾克、帶有狠勁的辣妹。這會讓人相當躍躍欲試，而這個持久的形象也是單單一個鉤引點所創造的產物。

## | 要點提示與複習 |

- 鉤引點的組成可以是**文字**（例如一句短語、一個標題或一則文案），**一個見解**（源自於統計數據，或是根據專業觀點、哲學，或者是某人的想法），**一個概念、點子或編排**（例如一張圖或一支影片），**一個人物或表演**（例如音樂、運動項目、演技或一段韻律），**一項產品／服務**；或是上述元素的其中幾項、甚至全部的組合。

- 鉤引點在線上與線下都用得到，其目的是要在最短的時間內吸引觀眾的注意力。

- 鉤引點可以替你帶來新的潛在客戶、讓你成功推出產品、讓社群上的追蹤人數大幅增加、帶來大量營收、讓你拿到高薪職缺的面試機會、讓你在會議中表現亮眼、成功拿到一個 A 級客戶，或是達成其他事業相關的目標與期望，包含 Podcast 的採訪邀約、演講，以及在電視上露臉的機會。

- 鉤引點不是那種釣魚式標題，而是必定會附加在吸引人的真實故事中，並且會提供價值、建立信任與信用。

- 好的鉤引點會讓企業得以生存下去。
- 每天都會被 60,000,000,000 則訊息給淹沒,因此,任何人想要脫穎而出,都變得愈加困難。
- 鉤引點框架可以協助你抓住人們的注意力,並傳達你剩下的訊息,如此一來,你的市占率就不會下降,還能持續保持競爭力、名列前茅。
- 隨著市場的改變及飽和,鉤引點也要不斷推陳出新。
- 鉤引點應該要忠於品牌本身。
- 厲害的鉤引點真的有辦法改變世界。

# 第二章

# 特斯拉、厄夜叢林

## 創造出完美鈎引點的步驟

**H**OOK POINT

　　每當我要替公司、產品或是一則內容發展鉤引點時,基本上都是以我認為受眾可能會想要或需要的東西作為基礎。我最先思考的會是:**「我要如何解決受眾具體的痛點或問題?我的受眾一直在尋求、卻還沒找到的成果是什麼?」**舉例來說,我曾經用來吸引大量注意力的一個鉤引點是「30 天內從 0 到百萬追蹤者」,這之所以吸引人,是因為大眾追求的成果是建立起龐大且有效的社群追蹤數,但他們卻不得其門而入。我利用人們想要在社群媒體上行銷自我的渴望,讓他們把注意力放在我身上。但是,要注意,我說的並不是「我會幫助你在社群媒體上快速成長」或是「讓我教你如何在社群媒體上迅速成長」;我只是做了一個大膽的宣言:「30 天內從 0 到百萬追蹤者。」(我們之後會再進一步談具體要怎麼打造出引人入勝的鉤引點,但我希望你在觀察本章所介紹的鉤引點時,能注意到這種區別。)

　　即便是我用來作為本書副標題的鉤引點:「如何在 3 秒鐘的世界中脫穎而出」❸,也滿足了一個痛點。品牌和個人都辛苦掙扎著,想要在眾多競爭對手與雜音中脫穎而出;他們想要找到更好的工作、拿下更有名望的客戶、促使營收成長、接到更大筆的生意。若要達到這些目標,其實只需要大眾把注意力放在你身上的時間夠長,讓你有機會去傳達你的產品、服務以及品牌的價值。

---

❸　編注:本書英文版副標題為 How to Stand Out in a 3-Second World。

　　你需要顯得很獨特、令人嚮往，且與眾不同。你要把焦點放在如何定位你的價值主張，進而鼓舞你的受眾有所行動，這會讓你走得更快、更遠。我們來深入觀察幾個例子，看看這些發展出屬害鉤引點的人物和公司。

## 不用繩索，赤手登峰

　　《赤手登峰》（*Free Solo*）是紀錄片導演金國威（Jimmy Chin）和伊莉莎白・柴・瓦沙瑞莉（Elizabeth Chai Vasarhelyi）一起製作的電影，榮獲 2019 年奧斯卡最佳紀錄片獎。《赤手登峰》的鉤引點在於其電影情節，故事是關於一位名為艾力克斯・霍諾德（Alex Honnold）的職業攀岩手，他是第一位成功攀登優勝美地國家公園（Yosemite National Park）裡、高達 900 公尺垂直岩面酋長岩（El Capitan）的人，而且是徒手，**不用繩索**。看著他完成這項不可思議的事蹟──**不用繩索**，徒手攀爬這麼高又這麼陡的岩壁，對觀眾來說很有吸引力。我把「不用繩索」標示為粗體，因為這正是鉤引點──假如霍諾德攀爬酋長岩時**用了繩索**，那鉤引點就不會如此強而有力了。

　　這個鉤引點極其有力的證據是，同樣的一組導演，金國威和瓦沙瑞莉先前還拍了另一部名叫《攀登梅魯峰》（*Meru*）的電影，講述史上第一次有人成功登上印度境內喜馬拉雅山區的「鯊魚鰭」（Shark's Fin）路徑。《攀登梅魯峰》的預告片裡有很好的鉤

引點（你可於此觀看這支影片：www.brendanjkane.com/meru），
呈現出導演們是如何以為自己會在攀爬梅魯峰的過程中身亡，這
在第一時間就會勾住你，讓你開始想著這些登山者是否有辦法活
下來；但這部電影並未如同《赤手登峰》那樣，獲得影評人的公
開讚譽與票房上的成功。

　　我個人認為，以電影來說，《攀登梅魯峰》更精彩（請記住，
我是個對攀岩一無所知的人），但《赤手登峰》的鉤引點比較有
力，因為在觀看霍諾德**不用繩索**、艱難地徒手登頂的過程中，觀
者的心中會產生該戰鬥還是該逃跑的緊張反應，而這種情緒跟
這個鉤引點息息相關（你可於此觀看《赤手登峰》的預告片來
體驗這種感覺：www.brendanjkane.com/free）。預告片會讓你意
識到，霍諾德在攀爬途中隨時都可能摔死——你在看電影時會跟
著提心吊膽，彷彿你也跟他一起身在高聳的岩壁上，而且**沒有繩
索**。先說清楚，我認為《赤手登峰》是部好電影，但我認為它的
票房表現之所以如此亮眼、甚至贏得奧斯卡獎，是因為其強力的
鉤引點。這個鉤引點讓這部電影可以有所突破，觸及那些對攀岩
毫無興趣的主流觀眾。

　　《赤手登峰》是個很好的例子，展現了一件產品或點子本
身就可以成為鉤引點。你不必冒著生命危險去獲得一個好的鉤引
點，但你確實需要某些值得編成故事或與眾不同的事物；你需要
的是，可以包裝得簡明扼要、吸睛、具有影響力、有趣又真實的
東西。你需要抓住受眾的注意力，並且讓他們想要了解更多。

## 買一雙，捐一雙：你買一件產品，TOMS就會幫助一個有需要的人

布雷克·麥考斯基（Blake Mycoskie）剛開始成立 Toms 鞋業的時候，他最初的鉤引點是「買一雙，捐一雙」（One For One®）——意思是消費者每購買一件商品，Toms 就會以消費者的名義幫助一個有需要的孩子。麥考斯基有一個很有力的故事在後面支撐著這個鉤引點，2006 年，他造訪了阿根廷的一處小村莊，當時，他發現當地的孩子都沒穿鞋子。麥考斯基想要幫助這些孩子，於是發展出「買一雙，捐一雙」的概念，而這也成為了他們的鉤引點，讓公司成功並快速成長。事實上，截至 2014 年，貝恩資本（Bain Capital）已經投資了 3.13 億美元，讓 Toms 的價值高於 6 億美元。[31]

不幸的是，最近這幾年 Toms 的成長大幅趨緩，有一些信用評等低下和破產的傳言。信用評等機構穆迪（Moody）公司有份報告指出，Toms 於 2018 年的銷售淨額大約是 3.36 億美元。[32] 曾任星巴克及 T-Mobile 高層、自 2015 年起就在 Toms 任職的吉姆·亞林（Jim Alling）也承認，當他們對設計的重視程度超越了使命的時候，這個品牌就遭遇了許多困難。他說：「你必須成為鞋業界的專家，但是，真正讓我們跟他牌與眾不同的是我們的完整故事。」[33] 此外，因為這個鉤引點讓 Toms 如此突出、甚至獲得資金並快速成長，於是他們最初的鉤引點被其他品牌複製了

一次又一次。也正是因為這個模型被一抄再抄，導致最原始的鉤引點失去了原本的力量。這就是為什麼你會需要導入新的鉤引點，才能讓公司保持在原先的地位，並且在競爭中出類拔萃。

現在，Toms 試著想要解決無殼蝸牛的問題、支持女性賦權與公益創業，他們盼望這些能夠成為不同的鉤引點，進而讓品牌成長。無論如何，截至目前為止，Toms 已經致贈超過 9,500 萬雙鞋給兒童，並且把同樣的模式延伸到太陽眼鏡和咖啡，透過這些努力，Toms 已經讓 78 萬名需要幫助的人擁有眼鏡，更捐贈了乾淨的水給全球五個不同的地區。[34]

## 逾期還片不用繳罰金

就像前面提到的，網飛最一開始的鉤引點是「不用付逾期罰金」，他們明白，向百視達租影片最讓人感到挫折的其中一個面向，就是你一定要去店裡才能租片和還片。而且，如果你逾期還片，哪怕只是一天，都會被收取罰金。顯然，網飛執行長里德·哈斯廷斯（Reed Hastings）並不支持這種做法。

有一天，哈斯廷斯去百視達歸還電影《阿波羅 13 號》（Apollo 13）的時候，因為他在那幾天一直找不到這捲錄影帶，因此被收取了 40 美元的罰金。他離開時覺得既挫折又丟臉（這幾乎是所有百視達的客戶都能感同身受的一個痛點——我自己也是）。還完片之後，他開車前往健身房，在路上開始思考影片租

賃有沒有一套更好的系統。他思忖，為什麼不能像是加入健身房那樣，讓大家每月支付一筆固定費用就能租借不限數量的電影？沒過多久，網飛就開始郵寄 DVD 給租片人（一次三片），公司也就因此誕生了。[35]

網飛現今的成長已經完全超越了最初的模樣，並演化出不同的鉤引點，然而最一開始的「不用付逾期罰金」，正是吸引大眾注意到這家小小新創公司的鉤引點，也替他們鋪好了路，讓他們得以邁開腳步，成為今日的媒體巨頭。這個鉤引點讓網飛逐漸稱霸市場，並宰殺了百視達（他們沒想出新的鉤引點，也就沒能守住原本的市占率）。2018 年，網飛的營收是 158 億美元，[36] 擁有大約 1.25 億名的客戶。[37]（還不算太寒酸吧？）

## 伊隆‧馬斯克那臺很醜的賽博皮卡車

特斯拉（Tesla）的賽博皮卡車（Cybertruck）的長相，看起來跟路上其他卡車（或是其他任何車輛）都不一樣。對於賽博皮卡車的上市發表，輿論的反應相當兩極，但有一件事是很確定的——這輛車很快就抓到了人們的注意力。近一百年來，皮卡車❹的設計都沒變過，[38] 而且大部分的車主忠誠度都非常高。特斯拉

---

❹ 譯注：同時兼具載客與載貨功能的車輛。

的執行長兼共同創辦人伊隆・馬斯克（Elon Musk）知道，如果想要在這個業界產生影響力，就得做些不一樣的事情，而這也是為什麼他會想出一個前所未見、甚至未曾有人想像過的設計。

賽博皮卡車的鉤引點很成功，不僅因為它吸引了大眾的注意力，也因為它的瘋狂是有其道理的。新的設計讓皮卡車在人們可負擔的價格下，具備了更強的功能性。行銷暨品牌策略專家麥可・加斯丁（Mike Gastin）稱這輛皮卡車為品牌行銷的「神來之筆」，而且完全忠於特斯拉的願景：「實現未來，就在今天。」時間會告訴我們，賽博皮卡車是否真的會超越福特的 F150，但是在賽博皮卡車發表之後，馬上就有 25 萬臺的預購量，光是這一點就已經相當可觀了。[39]

# 30 天內從 0 到百萬追蹤

「30 天內從 0 到百萬追蹤」是我一開始最主要的鉤引點，我用此來擴張我的品牌；然而，很多人都不知道我在社群媒體上建立起大量的追蹤數，是為了一個確切的目標——獲得一個強力的鉤引點，藉以取得更大的機會，進而壯大我的品牌。

我開始著手進行 30 天內從 0 到百萬追蹤，是因為我知道這個鉤引點能吸引大眾的注意力，如此我就可以向他人提供價值。我從未試著成為網紅或名人，我只想要誘使人們來聽我要說的、規模更大的故事，而這就是為什麼在我建立起追蹤數之前，我先

去找了一位知名的出版經紀人（也就是我目前的經紀人），我詢問他，「30 天內從 0 到百萬追蹤」的概念對於出版商來說有沒有吸引力。我知道《30 天內從 0 到百萬追蹤者》和《如何在社群媒體上增加追蹤數》這兩類書名提案之間，有著很大的差別。前者具體而吸睛；後者則籠統且很普通，況且在一個相當擁擠的市場中也已經被過度使用了。我對於鉤引點的了解，幫助我拿到出版合約，還賣了很多書，最後更帶來另一紙出版合約與許多重要的商業機會，而這些機會隨之而來的是數百萬美元的收入。

在選擇鉤引點時，要把具體性和特殊性放在心上，這一點很重要。你不能述說一個人們已經聽了好幾遍的故事，不然大眾就會覺得麻木無感。鉤引點的重點就是要讓自己脫穎而出。你要想想你自己、你的品牌或產品的獨特點在哪裡——跟同領域其他人完全不一樣的那個點是什麼。

## 顛覆期待：翻轉你所知道的一切

有很多好的鉤引點都會引發人們用不同的方式思考，這也是為什麼用你的鉤引點去顛覆期待，是一項很不錯的戰術，可以成功抓住群眾的注意力。有一種做法是將一個大眾普遍認定的信念或說法，徹頭徹尾地翻轉過來，舉例來說，在一支很成功的社群影片中，我的團隊創造了一個鉤引點：「**警告！！打安全牌是很危險的。**」這挑戰了大眾普遍認同的信念——覺得在生活中打安

全牌是一種不錯的方法；但這支影片反過來鼓勵人們承擔風險，為自己的夢想而戰。

　　你自己的信念不一定要跟你想出來的顛覆性說法一致。舉個例子，我曾經替我的社群帳號錄製過一段影片，我在影片裡用了一個鉤引點：「冥想是一種騙術。」但其實我十幾年來一直都有在冥想，而且我認為操作得宜的話，冥想是極為有益的。我用這個鉤引點來吸引大眾的注意力，並傳遞這個鉤引點背後真正的訊息，也就是因為冥想太過流行，以至於關於冥想是什麼、要如何正確進行冥想等方面，充斥著許多錯誤的資訊。我的目的並不是想要欺騙大家，而是在某個他們可能會感興趣的主題上，抓住他們的注意力。顛覆期待的做法，能讓你將有價值的見解分享出去；若他們沒有被你最初的鉤引點所吸引，很可能就會跳過這些有價值的內容。

　　我團隊中的數位內容策略師，同時也是 First Media 的前內容副總裁納文・構達（Naveen Gowda）補充道，顛覆期待的做法，重點完全在於讓受眾用不同的眼光或角度來看待一個點子或概念。如果你從一棟房子不同牆上的不同窗戶往內仔細端詳一間房間，你對於這間房間的觀點也會有所改變。你要用你的鉤引點去顛覆期待，以達成這個目標——提供一個新觀點給大眾，或是在一個熟悉的主題上產生新的看法。

　　當你從事的職業是處在一個很擁擠的市場，這套工具尤為實用。如果你是一名瑜伽老師、冥想老師、廚師，或者從事類似的

職業，假若你只是一直重複每個人都在說的資訊，你是不會脫穎而出的。而且，不幸的是，即便你深層的品牌基礎或觀點，實際上比你的競爭對手更加有用，也依然會被遺忘。這就是為什麼你需要用獨特的方式改變與大眾的對話，否則大家就會覺得你的內容很無聊，而且乾脆不接收你的訊息，因為這些訊息打從一開始就沒抓住他們的注意力。

　　創業家蓋瑞・范納洽（人們通常叫他蓋瑞・范〔Gary Vee〕）就是一個例子，他總是在顛覆期待。他的社群平臺上有一支影片（你可於此觀看：www.brendanjkane.com/gary），影片裡有名女子在車窗前對他說道：「給我三個字，讓我在那些心情低落的日子裡可以有所啟發。」蓋瑞・范回答道：「你會死。」他是個創業家，就跟其他上百萬名創業家一樣，他會激勵大家拚命前進並努力工作，而這支影片就是個完美的例子，呈現出他是如何用他的回答澈底顛覆了這名女子的期待（以及觀眾的期待）。

　　大部分善於鼓舞人心的創業家被問到這樣的問題時，通常會回答「要努力」、「你可以」、「動動腦」、「會成功」這類的語句。蓋瑞・范卻選擇了「你會死」這句話，這完全超乎常理，而且絕對會抓住大眾的注意力。雖然構達認為蓋瑞・范在這個例子中做出很高明的選擇，但他也提出警告，在顛覆期待和唱反調之間有著相當微妙的平衡，因此，在構思鉤引點時，也要意識到這一點。

　　關於善於顛覆期待的品牌，還有另一個很好的例子，那就是數位媒體公司 Yes Theory，他們的品牌概念核心為：「生活可

以如你所望的那樣真實和滿足，如果你尋求的不是舒適。」Yes Theory 的影片敦促人們把自己推出舒適圈之外，他們還用了以下的鉤引點：「跟冰人溫霍夫（Wim Hof）一起成為超人」、「我在一個奢華機場住了 4 天，都沒人發現」、「現場邀請陌生人去跳傘」、「去世界上遊客最少的國家旅遊」、「24 小時內，讓擲硬幣的結果完全控制我們的生活（杜拜）」。

離開舒適圈和挑戰自身極限的概念已經是陳腔濫調了，但是 Yes Theory 用很獨特的方式來表現這個主題，也就是圍繞著這個主軸去做一些瘋狂的冒險（這被當成是很有力的鉤引點）。他們用這樣的形式和背景來包裝自己的訊息，於是就翻轉了人們的期待，也抓住了更多的注意力。〈跟冰人溫霍夫一起成為超人〉是很出眾的一個例子（你可於此觀看：www.brendanjkane.com/superman），有很多人都訪問過溫霍夫（他是一位荷蘭裔的極限運動員，因能夠忍受寒冷低溫的能力而聞名），但是 Yes Theory 的影片用他們替這段訪談設計的強力鉤引點抓住了更多注意力，因此獲得超過 1,500 萬人次的觀看數。

## 吸引人們進到故事裡的鉤引點

讀過我的第一本書《百萬粉絲經營法則》的人會知道，我所教授的那項最深層的原則其實是內容測試和優化。第一本書談的不只是如何快速增加追蹤人數，還有更多其他的內容。假如這

本書裡只涵蓋了一組如何讓追蹤數成長的方程式，就不會提供這麼高的價值給讀者，也無法讓我在數位場域裡成為意見領袖。但是，「30 天內從 0 到百萬追蹤」讓大家注意到我，也為我的事業帶來了改變。

完成第一本書之後，我請人拍攝了一段訪談，內容是我在 30 天內從 0 到百萬追蹤所採用的過程與哲學。接著，我用這支訪談的影片，在臉書和 Instagram 上製作了幾則廣告活動，把觀賞影片的受眾導引到一份跟我合作的申請書。結果，我收到來自世界各地 16,000 份的申請。我的鉤引點就是如此強而有力——人們想要了解我成功達成目標的背後故事，以及他們自己要如何才能成功。我利用的是一份強烈的渴望和需求。

在這次的成功之後，我利用這個鉤引點和這本書，不僅有了新的客戶，也獲得在一些公司與場館演講的機會，例如宜家家居（IKEA）、Mindvalley 和網路高峰會（Web Summit）——這場有超過 70,000 名的聽眾；還有上知名 Podcast 的機會，像是《完全掌握：麥可‧傑維的高效心理學》（*Finding Mastery: High Performance Psychology with Michael Gervais*）；也有上電視與廣播的機會，包括福斯財經網、天狼星衛星廣播（SiriusXM）、洛杉磯 KTLA 電視臺、雅虎財經頻道；以及出版品的專題報導，例如《富比士》雜誌、《創業家》（*Entrepreneur*）雜誌、《Inc.》雜誌等等；這些都讓我擁有更大的影響力，也讓我的品牌可以有更多曝光。

　　「30 天內從 0 到百萬追蹤」的鉤引點，讓我抓住數百萬人的注意力，以傳遞人們需要聽到、卻可能在無意間錯過或忽視的故事。此外，這個鉤引點背後有著真實故事（關於這件事的重要性，我會在第五章談到），因而讓我的公司成長茁壯，同時也能幫助世界各地的人們達成自身目標。

　　「30 天內從 0 到百萬追蹤」並非我的第一個鉤引點，也不會是我的最後一個。我在整個事業的進程中，時時都在測試各個鉤引點；不管是要替我成立的科技公司之一製作提案、發想某部電影的宣傳點子，或是試圖跟一位明星客戶達成合作，我一直都在替自己與客戶測試、了解、精修這些鉤引點。

　　我成為鉤引點專家的過程既不快速也沒效率，事實上，直到我與一位知名廣播記者凱蒂・庫瑞克（Katie Couric）合作的時候，我才真正成為這方面的專家。在那為期一年半的時間裡，我每天都會測試各個標題、鉤引點以及內容。我在跟她合作時，總共測試超過 75,000 則不同的內容（這部分我會在下一章進行更詳細的討論），也正是在這個時候，我才發展出一套創新性的流程，對標題、議題和主題進行大規模測試，而在我搜集這些資料的同時，發展鉤引點的方法也開始逐漸成形。

## 一週工作 4 小時

　　提摩西・費里斯（Timothy Ferriss）的書《一週工作 4 小時》

（*The 4-Hour Workweek*）是一個很棒的例子，這是一個相當堅實的鉤引點，具有很強力的價值主張。讀者之所以受到吸引，是因為大部分的人都希望能縮短工時、把更多的時間花在家庭或深愛的人身上，並且在自己想要的時候，就能自由自在旅遊、享受自己的嗜好。費里斯的鉤引點是替一個常見的兩難困境提出解決方案。如果你讀了這本書，就會發現書裡有許多策略都超越了降低每週工時這件事；但是，這個鉤引點非常有效，導致費里斯經常被問及他本人是不是真的每週只工作 4 小時。（他曾經說過他覺得這件事很煩，因為會問這個問題的人都是沒讀過這本書的人。）無論如何，正是一週工作 4 小時的概念（以及這個鉤引點）讓費里斯吸引到足夠的注意力，才能繼續分享他剩下的故事。

費里斯的書之所以暢銷，是因為這個言簡意賅又刺激思考的訊息。我個人很喜愛這本書，而且有趣的是，書裡沒有任何革命性的概念（過去也有人分享過類似的概念），然而《一週工作 4 小時》還是能夠脫穎而出，並摩擦出更多火花，比其他競爭對手引發了更多的興趣，都是因為這些概念被綁在標題中一個堅實的鉤引點上。

費里斯很清楚這個標題裡的鉤引點。事實上，他用 Google 關鍵字廣告測試過其他幾十個書名，以找出最好的那一個：《一週工作 4 小時》打敗了《這一切都糟透了》、《如何活得像個藥頭一樣》以及《你這是在緣木求魚》。[40]《一週工作 4 小時》所帶的明確性非常新穎又吸睛，替理想的生活風格製作出清晰的

形象（而且跟毒品和魚都無關）。

　　文案寫手克雷・克里蒙斯進一步補充道，想創造鉤引點，也可以利用一個非原創的點子，然後讓受眾更認真看待或對這個點子更感興趣。這全取決於你怎麼表達，以及用什麼樣的背景資訊來包裝你的訊息。**用一個獨到的方法來呈現一個熟悉的概念，會讓大眾視你為天才。**

　　單單只是談論自己、解釋自己在做什麼事是不夠的，世上有很多人都擁有與你同樣的技能組合。若要在 3 秒鐘、甚至更短的時間內脫穎而出，你需要找到你和你的產品或資訊獨一無二的特點，以及跟大眾的生活息息相關的是什麼──你必須發展出一個簡單明瞭、能夠吸引注意力的方式去傳遞你的資訊。如果你可以把你自己跟其他即時、有趣且符合受眾需求的主題連結在一起，人們就會停下腳步專心聽你說。

## 是什麼讓你的受眾半夜睡不著？

　　我先前提過，克雷・克里蒙斯是金河馬公司的創辦人，該公司是世界最大的直面客戶行銷公司之一，產出的銷售額超過 10 億美元，放眼望去，能夠企及他這種成就的人少之又少。克里蒙斯將自身成功歸功於他理解如何打造鉤引點，而且是能夠解決受眾痛點的鉤引點。有了這份知識在手，他抓住了群眾的注意力，並改變他們關注的焦點──這些群眾原先喜愛瀏覽臉書、《哈芬

登郵報》（*The Huffington Post*）、TMZ 八卦網站（關於卡戴珊家族或唐納・川普〔Donald Trump〕的消息）。他讓大家注意到引人入勝的鉤引點。

1970 與 80 年代的傳奇文案寫手尤金・舒瓦茨（Eugene Schwartz）則建議，你應該要參與潛在客戶腦海裡的對話。克里蒙斯也認為，你必須思考潛在客戶及其內心的想法，他覺得比起以前，這一點在現今更是重要。在這個微型注意力的時代，你的鉤引點必須要利用那些讓你的受眾半夜睡不著的問題。或許你的潛在客戶因為持續性腹痛而痛苦不已，而你有一種維他命可以讓消化過程變得更順暢；或者他們電腦上的儲存空間不夠，而你的公司有個解決方案。不管你的產品是什麼，都能用鉤引點展現這點：你可以幫忙解決受眾生活中的一個重要問題。你要跳進他們的大腦裡，以嚮導的身分教導他們一些新東西。

行銷人員兼心理學教師瓦耶・伍茲摩（Wyatt Woodsmall）告訴克里蒙斯，如果你可以比他人本身更清楚描述出他們心裡的問題，他們在潛意識裡就會相信你有解決問題的方法。因此，你必須利用鉤引點展現給潛在客戶看，讓他們知道你理解他們的問題，這會讓他們被你的產品所吸引，進而購買你的產品。

## 睡眠醫生

麥可・布勞斯（Michael Breus）博士，人稱「睡眠醫生」，

這正是他的鉤引點。這個鉤引點讓他獲得在電視節目上露臉的機會，比方說，他上過《奧茲醫生秀》（*The Dr. Oz Show*）35次，也曾多次登上《今日秀》（*Today Show*）。那麼，布勞斯是如何找到這麼有力的鉤引點呢？他在事業生涯初期，就已經拿到臨床睡眠障礙治療的專業認證，而即便其他不同科別的醫生都有稱呼其職位的專有名詞，像是專攻肺部的胸腔醫學科醫師（pulmonologist），或是專攻耳朵、鼻子及喉部外科的耳鼻喉科醫師（otolaryngologist），卻沒有一個專有名詞可以用來指稱專門處理睡眠相關問題的醫師。

當時布勞斯正在嘗試找尋一個有效的方式來行銷自己，過程中，他讀到一本書：彼得·蒙托亞（Peter Montoya）和提姆·范德海（Tim Vandehey）合著的《你這個品牌》（*The Brand Called You*）。這本書指出，你的品牌名稱應該要在三到五個字之間，而且必須由你所做的事情所構成。布勞斯便開始詢問周遭的人認為他的職業是什麼，而大家的答案都圍繞著醫藥與睡眠打轉。從這裡出發，他開始查看網址的名稱，發現「睡眠醫生」和「睡眠專業醫生」都已經另有所屬，於是他聯絡了這些網址的擁有者，並且買了下來，結果是，這是他花過最值得的一筆錢。從那時開始，「睡眠醫生」就變成一個對布勞斯的事業來說很有力的鉤引點。

## 鉤引點會引發強烈的回應

在選擇了「睡眠醫生」之後，布勞斯從客戶那邊獲得正面的認同，但卻受到相同領域人士的強烈反對。他自稱為「睡眠醫生」，讓同行覺得他在暗示自己是這個領域的佼佼者，又或是唯一一個從事這類型工作的人，因此招致很多人的嫉妒。布勞斯在許多專業的社交圈內被排擠，而且從來沒有獲邀參加任何專業領域的會議。大約過了 5 到 10 年的時間，大家才不再稱他為「江湖郎中」或「叛徒」。

每當布勞斯受邀參加科學會議並擔任主講人的時候，就會遭受一些觀眾的抗議：「你說的話不可信，你只不過是個網路醫生。」但諷刺的是，會議結束後，同樣的一群人會來到他面前，問道：「嘿，你是如何獲得這麼多媒體的關注？」在公開的論壇中，他是個局外人，但是關起門來，大家都希望他能給點建議。這些同行人士雙面般的作為，讓布勞斯獲得更大的力量，持續堅持使用他的鉤引點；他知道，如果他們也想要獲得自己所擁有的，那他做的肯定沒錯。布勞斯一路堅持到底，因為在真實性方面，沒有人能對他使用的科學研究方法挑出任何毛病。「睡眠醫生」是我聽過最好的鉤引點之一，因此我很高興布勞斯有堅持下來。

在創造鉤引點時，大眾一定會出現很強烈的反應，即便其中有些回應是負面的。大家說伊隆・馬斯克新的賽博皮卡車「很醜」，但這部車卻取得大量的預購單。有時候，我也會因為「30

天內從 0 到百萬追蹤」的鉤引點受到強烈反對，人們會在我的
Instagram 貼文下方留言表示：「如果沒有互動的話，百萬追蹤
者什麼也不是。」然而，當人們寫下這類型的內容時，我並不會
覺得被冒犯；只要對方真的讀過我的書，就會知道我也同意他們
的說法。當有人在我的貼文留下負評時，其實是在替我提高能見
度；但不要誤會了，我的意思並不是**只要有曝光**就是好曝光，如
果一面倒的都是負面留言，那你很可能真的有問題。我要說的
是，在正面回應以外，也會有些負面評論隨之而來——不管你做
什麼事，都不可能獲得百分之百的好評——但只要正面回應比負
面的多，就表示你沒問題。而如果你沒有獲得任何回應，或者大
部分的回應都是負面的，你也只需要重新換檔，找個新方向，繼
續往前駛就行了。

## 鉤引點有助你包裝訊息

以「睡眠醫生」作為鉤引點，讓布勞斯變得很容易令人理
解，此外，他溝通的風格也很符合這一點。與受眾對話時，他會
避免使用艱澀又嚇人的專有名詞。他有能力與專業人士討論神經
化學，但他不認為這對消費者有吸引力。在一個 3 秒鐘的世界
裡，受眾想要的是這些複雜的資訊被切成一小塊一小塊，能夠一
口吞下去，而且可以立刻付諸行動。布勞斯在這方面的能力，讓
他 35 度登上《奧茲醫生秀》，而這件事現在又變成另一個鉤引

點。當人們聽到一個睡眠醫生曾多次登上《奧茲醫生秀》，他們的興趣就會被勾起來；他們會想要知道這個人為何能獲得這麼大量的媒體關注，而且也會馬上將他視為一個更可信的資訊來源。

布勞斯的鉤引點並非僅止於此，他持續將想要討論的資訊包裝成不同的鉤引點，像是「精疲力竭的高層」、「最好睡的床墊是哪一個？」、「睡前什麼時候作愛最好？」，這些鉤引點都會吸引大眾的關注。因為這幾個鉤引點全都讓人很有感，而且涵蓋了對於這些常見問題的關心。基本上，這些內容讓布勞斯變成一個行走的鉤引點，這些訊息很簡單、很吸引人，利用了人們的好奇心與對於可靠解決方案的需求，而布勞斯則從中獲益。

你也做得到！用特定且具體的方法包裝你的訊息，讓你變得更容易令人理解。拆解你所掌握到的事實，測試不同的鉤引點，接下來，誰知道呢？或許我很快就會在電視上看到你了。

## 《財星》雜誌 500 大企業與名流

當我親自與人會面，而他們問我是做什麼時，有時候（再說一次，我總是在進行測試）我會說：「我是一名數位與商業策略師，與《財星》（Fortune）雜誌 500 大企業、名牌和名流合作。」「《財星》雜誌 500 大」和「名流」就是其中的關鍵字，通常會驅動人們的興趣和好奇心。整體來說，這個鉤引點故意留有一些模糊地帶——因為我是親自傳遞這則訊息，所以能實時評估大眾

的反應，聽聽大眾會問哪些種類的問題，同時觀察他們臉上的表情。接下來，根據這些回饋，我會用合適的故事和更多鉤引點去調整我的回應。

當對方問：「嗯，所以是什麼意思呢？你是做什麼的？」我會說：「我會根據客戶短期和長期的商業目標、遇到的阻礙，替他們打造一套策略，讓他們在最短的時間內達成目標。」接下來，我會依據他們的回應，再做出我的回應。我會尋找他們的痛點，如此一來，我才能讓他們看到我所做的事情，以及我能為他們帶來的最大價值是什麼。我會在後續章節更深入談這個過程，但現在我們先回到最初的鉤引點上。

如果我的鉤引點只是「我是一名數位與商業策略師」，就不會產生同樣的力道了。我定錨在我曾經與《財星》雜誌 500 大公司和名流合作，以挑起大眾的興趣，讓他們想繼續聽更多內容。我運用「大公司、品牌以及名流」的主題來建構內容，因為我談話的對象可能會替這些組織或這些人工作，或者可能想要成為他們的一員，而這也會讓他們知道我專精的就是這些領域。同時，《財星》雜誌 500 大與名流這兩個面向，會建立認同感、可信度以及好奇心。

話雖如此，但我並不會用這個鉤引點在大眾媒體上展示那種面向公眾的內容。如果我租了一面廣告看板，或是有人提供雜誌封面給我宣傳我的品牌和服務，我會用的鉤引點是「30 天內從 0 到百萬追蹤」或是「如何在 3 秒鐘的世界中脫穎而出」。

# 「如果……那麼……」公式

文案寫手克雷・克里蒙斯表示，他替每個公司和產品創造鉤引點的流程都不一樣，因為它們每一個都是獨一無二的。不過，他分享了一組基本公式，你可以此為出發點，去探索屬於你自己的方法。這是一組簡單的「如果……那麼……」公式：「**如果**」後面接的是潛在客戶遇到的問題或需求，「**那麼**」後面則是你的產品，作為這個問題或需求的解決方案。舉例來說，假設你有一種有助於改善約會生活的產品，就可以如此使用這組公式：「**如果你正在找方法，想跟更多有魅力、優秀、聰明、把生活過得井井有條的女性／男性約會，那麼你接下來會讀到的東西，將具有空前絕後的重要性。**」或者，如果你行銷活動的受眾是想要改善高爾夫球技巧的人，那麼有個可能的例子是：「**如果你想要增強你的高爾夫球技能，讓自己下一次在高爾夫球場上的桿數減少 5 到 10 桿，那麼請注意聽我接下來要分享給你的 4 個祕密。**」克里蒙斯建議以這套「如果……那麼……」的公式作為出發點，接著再把你想出來的鉤引點跟其他較古怪、有創意的點子拿去做 A ／ B 測試（本章最後會講到更多 A ／ B 測試的內容）。

## 為了你的受眾製作內容，而不是為了你自己

在發想鉤引點（或任何其他內容）的時候，大家會犯的最大

錯誤其中之一就是，他們的內容是為了自己製作，而不是為了他們的受眾。人們在製作內容時，通常是思考什麼東西會讓**他們自己**看起來有模有樣，或是有什麼東西在他們自己的產業裡很潮、很酷。但是，光想著自己、跟著現狀隨波逐流，是無法讓你脫穎而出的。

　　克里蒙斯的妻子莎拉・安・史都華（Sarah Anne Stewart）是一名有證照的整合式健康教練，她花了很多時間專注在營養學、運動、正念，以及其他健康相關的議題上。她在該領域提供一種以心為主軸的獨特方法，讓自己脫穎而出。雖然同一個圈子裡的其他人做了一些真的很有影響力、也很獨特的事，但是，當你看到他們的網站和 Instagram 時，就會發現有很多內容都相當雷同。他們大部分都會貼出漂亮的照片，像是他們喝著綠色果汁、正在冥想、在天際線前做著瑜伽或準備餐食，這些圖像都很美；然而，每個人都在張貼類似的內容，於是就變得沒那麼有效，也沒那麼有吸引力。不過，這並不表示你不需要注意別人使用的那些成功的格式與內容結構。你必須去注意這些，但目的只是為了確保你理解哪種內容是管用的、可以吸引受眾互動，如此你才能製作你自己的內容。

　　舉例來說，史都華主要致力於提供一些健康相關的建議給潛在客戶，使他們改善自己的生活。最近，她上傳了一支影片，談盲從那些流行的飲食法的危險性，並提供了一些建議，告訴人們真正應該要怎麼做。此外，她經常會貼出一些資訊，教導她的受

眾一些可以付諸執行的步驟，讓他們能夠立刻行動去改善自身健康。她創造的內容，是可以立即替人們的生活增添價值的。

如果你發現你製作的鉤引點無效，就要確認你制定行銷策略的方式是否有以消費者中心的角度思考，尤其是當你想要銷售產品時。如此一來，「如果……那麼……」的公式——在**如果**後面放上潛在客戶遇到的問題或需求，接著在**那麼**後面放上你的產品，作為問題或需求的解決方案（這在前面已經解釋過了），就會是非常有效的。想想你的受眾的渴望，會比從你自己的角度來看鉤引點有效得多。如果你用的公式是：「我想要 X，所以我想要試試看，讓我的消費者去做 Y。」那你通常會失敗。

在電影產業，各家工作室常常會犯一個錯誤，就是發布一則廣告，傳遞出的訊息是：「去買票。」這並不會讓潛在的電影觀眾注意到你，而且這麼做其實會造成反效果。希望人們去買票的是電影工作室，但是，常跑電影院的人們希望的則是看部好電影，而這就是為什麼那些帶有該類型訊息的廣告會失敗，潛在觀眾並不會因為某個電影工作室叫他們去電影院，他們就去買票；他們之所以去看電影，是因為被一個概念、一篇故事或一段經歷勾起興趣，於是出於自己的渴望去看電影。我知道這聽起來感覺是常識，但你會很驚訝人們有多常漏掉這一點。當電影工作室考慮到這一點，並且把行銷的重點放在消費者身上時，就會想出更好的方案。

下次你去看電影時，在每則預告片結束後，聽聽看周遭人們

的評論。你通常會聽到有人說：「這感覺很糟。」或者「我絕對
要看這部片！」這是個有趣的練習，可以幫助你了解哪種預告片
擁有最厲害的鉤引點和最棒的故事。

　　同時，別忘了那句老話：「**大家都熱愛買東西，但都討厭
被推銷。**」當人們感覺到自己正在被推銷某樣東西，就會突然失
去興趣——這並不是個有利的鉤引點。你應該要做的是聚焦在消
費者身上，如果你給消費者他們想要的東西，就可以滿足他們的
需求，最終，這也會滿足你的需求。假如你很確定自己的鉤引點
是以消費者為中心，卻依然沒有效果，那你可能需要簡化你的訊
息，或是翻玩一下你所使用的文字。你得去測試並學習，直到找
出成功的組合為止。

　　（我們很快就會談到如何創造鉤引點，但如果你希望我的事
務所協助你發展出你的鉤引點，請至 www.hookpoint.com/agency
填寫簡單的問卷，談談你的公司和目標。）

## 新品牌更要加把勁

　　派拉蒙影業前數位行銷副總拉森・阿內森提醒了我們，那
些還沒站穩腳步的品牌，比知名品牌更需要付出努力，才能脫穎
而出、創造引人注目的鉤引點。替新的漫威電影做宣傳，跟替一
部獨立電影做行銷是不一樣的。漫威電影是一個既有品牌的一部
分，大眾對於這個品牌已經有著高度的認知，況且品牌本身自會

引起高度的興趣。你一定要澈底理解你的品牌和內容所針對的主題，在大眾心中有著什麼樣的地位之後，才能把這些東西呈現給受眾。

　　只有極少數的人和產品可以引發高度的興趣，以至於他們不必努力吸引群眾的注意力。如果消費者還不太了解你是誰、你在做什麼，你就需要「教育」他們。你要保有彈性，並維持開放的心態去嘗試不同形式，以找出最佳方法來呈現你的概念。你要嘗試各式各樣的鉤引點，才能了解哪個是最有效的（本章稍後會討論到這個流程）。

## 預測未來：如何想出下一個新點子

　　今天的電影產業，在釋出完整的預告片之前，會先釋出一個 5 秒的短預告，以便在最一開始的 3 秒鐘就在社群媒體上抓住受眾的注意力，這已經變成一套標準流程了。雖然這種做法現在很有效，但是等大家看了好幾百次之後，就不會有同樣的效果了。「身為行銷人員，你的工作是要找出下一個有效的方法是什麼。」阿內森如此說道。我會在下一章討論微型預告片的概念，以及為什麼這是我們這個 3 秒鐘世界的產物；我認同並理解這一點很有效，但我也同意阿內森的說法。當某個策略有用的時候，大家就會開始仿效（就像本章前面提到的 Toms 鞋業）；然而，誠如阿內森所指出的，比較聰明的做法是用實驗的精神往前推

進，而不是等著跟上潮流。你要有文化意識，才能引領潮流。

　　如果你把時間花在模仿他人製作出來的鉤引點，就不會脫穎而出，到頭來，你做的只是那些被認為是常態的東西。與其如此，不如推自己一把，努力去找一些不同凡響的點子——這就是會帶來長期品牌知名度與成長性的魔法。

## 《厄夜叢林》：你聽說的都是真的

　　電影《厄夜叢林》（*The Blair Witch*）想出了一個很有創意的點子來行銷，並掀起一波熱議，導致在電影尚未正式上映前，群眾就已經相當著迷。製作這部電影的工作室，藝匠娛樂（Artisan Entertainment）用的行銷方式是，讓這部片彷彿是一個真實故事——這部電影就像是用真實生活中的影像片段製作而成的。他們使用的標語，同時也是其鉤引點，是這樣的：「1994 年 10 月，三名拍攝紀錄片的學生失蹤了，消失在馬里蘭州的柏萊克山丘（Burkittsville, Maryland）附近……一年後，有人找到他們拍攝的影片」、「有史以來最恐怖的電影是一起真實事件」、「你聽說的都是真的」，甚至連預告片都讓這部電影看起來像是一部紀錄片——演員在樹林裡哭的時候，是直接對著鏡頭在說話。

　　這部電影在 1999 年的日舞影展（Sundance Film Festival）上映期間，藝匠娛樂在市區各處都張貼了三位主角失蹤的海報——麥可‧威廉斯（Michael Williams）、喬舒亞‧李納德（Joshua

Leonard），以及海瑟‧唐納約（Heather Donahue）。當時這些演員都沒什麼名氣，所以人們開始好奇，這會不會是真正的紀錄片，講述在樹林裡失蹤的三個年輕人的故事。[41]

行銷團隊也很懂得善用科技（就當時來說），因此，《厄夜叢林》是率先以網路作為主要行銷管道的電影之一。雖然當時這場行銷活動大獲成功，但我不認為同樣的招數放在今天會有效。現在的觀眾見多識廣、更有意識，而這也是持續測試、學習並創新鉤引點，如此重要的另一個關鍵原因。

## 你無法跳過這則蓋可保險公司的廣告，因為廣告已經結束了

2015 年，馬丁廣告公司（Martin Agency）替蓋可保險（Geico Insurance）公司製作了一則相當傑出的廣告，那是一則在 YouTube 的影片播放前、可跳過的廣告（這是一種影像宣傳訊息，會在觀眾選擇的內容開始之前播放，觀眾可以選擇跳過，但要先看完至少 5 秒的內容），[42] 其名稱叫做〈家庭：不能跳過〉（*Family: Unskippable*）。這支廣告最後成為一組行銷活動的其中一個部分，而那組行銷活動獲得《廣告時代》（*Ad Age*）雜誌第一屆年度廣告獎。[43] 人們通常都會盡快跳過廣告，而這支廣告拿這件事開了個玩笑。

這一組行銷活動裡，其中有一支廣告的主角是一家人圍坐在

餐桌前，母親說道：「別謝我，要謝就謝存款吧。」廣告開始後的 2 秒，對話就結束了，接著突然有個聲音冒出來說：「你無法跳過蓋可的廣告，因為廣告已經結束了。」而整段對話就結束在最後第 5 秒的這句話。接下來，在廣告中可以被跳過的部分，整個家庭都是定住不動的狀態，同時有一隻狗跑出來，把爸爸盤子裡的義大利麵吃得一乾二淨。[44] 這支廣告之所以成功，是因為它很創新，點出了事實，並抓住大眾的注意力，同時也逗笑了大家。（你可於此觀看這支影片：www.brendanjkane.com/skip。）

## 創造有效鉤引點的 5 個步驟

下列有幾個準則，可以幫助你理解厲害的鉤引點的基礎是什麼。當然，並非所有厲害的鉤引點都符合下列每一條規則，但我發現大部分的鉤引點至少包含了其中幾項、甚至全部。請將之視為一份指南，尤其是對於第一次創造鉤引點的人來說。等你學會了這套系統，駕輕就熟之後，就可以打破規則，製作出屬於你自己的準則。

厲害的鉤引點的基礎：

1. 盡可能使用最少的文字（想像一下雜誌封面的標題），例如：「30 天內從 0 到百萬追蹤。」

2. 忠於自我，也忠於品牌存在的原因。如果這個鉤引點跟

你的品牌無關，就會讓人覺得你是在釣魚、騙取點閱率，一點也不真實。

3. 改變人們的想法並顛覆期待。舉例來說，我曾經製作過一支很成功的社群影片，其鉤引點是：「警告！！打安全牌是很危險的。」這一點挑戰了大眾普遍認同的信念（在生活中打安全牌是一種不錯的方法）。

4. 不要讓大眾花太多心思去思考——鉤引點要用易於理解的方式呈現。

5. 不要讓大眾完全不需動腦——如果人們對你的鉤引點連想都不想，那很可能是無視了你的內容。

6. 要包含好奇心的元素，讓受眾想要了解更多或是繼續看下去。例如：「伊隆·馬斯克故意將那臺賽博皮卡車打造得很醜——而這是他做過最聰明的一件事。」[45]

7. 用原創性脫穎而出。如果你已經在別的地方看過你的鉤引點，那很有可能就不會成功。

8. 將普遍／可理解的元素跟獨特的東西相互結合，就會吸引到受眾。舉個例子：Away Travel 是一種可以替手機充電的行李箱。行李箱已經存在幾十年了，但是，一個可以用來替手機充電的行李箱則是個全新的點子。

9. 很快就能被理解——確保你的鉤引點最多在 3 秒鐘內就可以被理解。

10. 提供一個可以解決受眾的痛點的方案。傳奇文案寫手尤

金‧舒瓦茨總是會把痛點放在他寫的標題裡，舉例來說：
「到了 70 歲、80 歲，甚至是 90 歲，才開始你的中年生
活！」此處指的是「老化」的痛點。又或是：「如何撫
平你臉上的皺紋。」這也再一次處理了跟美容與老化有
關的痛點。[46]

當你在發展厲害的鉤引點時：

1. 要預期這是一套流程，通常無法在第一次嘗試就找到完美
的鉤引點（甚至是一開始的數次嘗試也可能不會成功）。

2. 你需要創造的點子與各種版本，數量要超乎你自己的想
像。你可以試著創造 50 到 100 個具有可能性的概念，這會
挑戰你創意的極限，長期下來也會讓你想出更好的點子。

3. 修改點子——把這些點子重新修改、重新形塑、翻轉過
來，將不同的版本混搭在一起。

4. 鉤引點並不一定是要銷售你的產品或服務，只需要讓你
目前的客戶或潛在客戶注意到你就行了。等你抓住他們
的注意力，就可以開啟對話，接著談論產品或服務的銷
售。

5. 為你的受眾而製作，找出什麼會讓他們感興趣。

6. 不要刻意搞笑。在處理幽默之前，先確認你對於創造出
有效的鉤引點已經有足夠的信心，不然就僱用一位具有

喜劇長才的人來協助你。

7. 鉤引點不一定是文字，也可以是一個概念。舉例來說，
YouTube 頻道「10 秒鐘歌曲」（Ten Second Songs）的創
立人安東尼・文森（Anthony Vincent）會把知名歌曲拆解
成片段，每 10 秒就換一種音樂風格。有一支影片用的是
凱蒂・佩芮（Katy Perry）的歌〈黑馬〉（*Dark Horse*），
並且改變了曲風，讓這首歌聽起來像是門戶樂團（The
Doors）、約翰・梅爾（John Mayer）、皇后樂團（Queen）
的風格等等，看看這支影片吧：www.youtube.com/
watch?v=jus7S5vBJyU。

8. 鉤引點通常與宣傳口號或獨特賣點不一樣。「做，就對
了」是 Nike 的口號，而鞋子是他們的獨特賣點。現在，
Nike 最有力的鉤引點是他們贊助的運動員，這在 Nike 不
同的宣傳活動和廣告裡都看得到（就像第一章解釋過的
那樣）。

9. 不要把鉤引點跟品牌經營搞混。鉤引點會活化一個品
牌，方法是讓大家注意到品牌的產品、服務和價值。再
說一次，Nike 就展現了這個概念。Nike 是一個運動時尚
品牌，這項事實並不是一個鉤引點——他們推出的產品
（像是因為性能太好，可能被奧運禁用的跑鞋）或是贊
助的明星，才是抓住大眾注意力的鉤引點。

10. 稀少性和獨家性可以是很棒的工具。像是 Soho House 餐

廳這種只有會員才能進入的私人俱樂部，會讓人更加躍躍欲試。

11. 鉤引點也可以用內容的形式呈現。下一章會討論到 BuzzFeed 的烹飪頻道 Tasty，以及他們呈現內容的形式是如何成為其鉤引點。

12. 最重要的就是，鉤引點需要抓住大眾的注意力。

現在，是時候讓你實際練習創作鉤引點這門藝術了。若要製作鉤引點，請按照下列這套流程：「創造有效鉤引點的 5 個步驟」。

### ↘步驟一：研究什麼東西是有效的

首先，你得找出成功的品牌使用的有效鉤引點，並列成一張清單。你可能會想要跳過這個步驟，但請別這麼做。即便是文案寫手克雷·克里蒙斯（他創作出的文字曾經帶來超過 10 億美元的產品銷售額），在剛開始創作標題和鉤引點的時候，也會使用這個方法；因為一開始時，他想出來的鉤引點糟透了。透過觀察其他品牌的鉤引點，會幫助你精進自己的技藝。

鉤引點可以來自：

1. 書名
2. 社群上的內容，例如：

- 迷因字卡（在臉書或 Instagram 的影片上方或底部出現的文字方塊——這在下一章會有更深入的說明）
- 標題
- 概念

3. 產品發表活動
4. 文章標題
5. 電視廣告
6. 社群媒體廣告（使用臉書廣告檔案庫〔Facebook Ad Library〕來搜尋廣告：www.facebook.com/ads/library）
7. 平面廣告（廣告看板、雜誌封面）

現在，選出你完成的這份清單中最屬害的鉤引點，把其中的提案、文字、公司或服務替換成你自己的。觀察這些（以其他品牌的鉤引點為模型做出來的）鉤引點會如何讓你脫穎而出，但是要記得，不能把這些鉤引點真的用在自家品牌上（除非你做了大幅度的改變）。這個練習的目的並不是要你盜取或複製其他品牌的鉤引點，而是多多練習發想點子，以創造出具原創性的全新鉤引點。

## ↘步驟二：了解哪些東西是無效的

接著，研究那些表現不佳的鉤引點，試著診斷它們無效的原因是什麼。你可以去社群平臺上搜尋影片，查看那些表現不佳

的內容。你也可以去亞馬遜、Google 購物（Google Shopping）以及 Yelp 等網站上，輸入一項產品或服務的名稱，並觀察哪些品項的評價數最少，或是某個類別裡負評最多的品項。你還可以去搜尋曾經失敗過、成效不佳的，或者已經倒閉的公司、產品以及服務，找出他們慘遭滑鐵盧時所使用的廣告。再來，也可以去書店，看看哪本雜誌或哪些書名沒有立刻吸引到你的注意力。最後，研讀廣告看板，並分析那些沒有勾起你興趣、沒有讓你停下腳步的看板。

　　一般而言，無效的鉤引點是因為：

1. 太囉唆
2. 令人困惑
3. 很模糊
4. 太氾濫──已經被其他人或其他公司複製過數千次的鉤引點
5. 對於特定受眾來說並不相關
6. 已過時──與現今的社會／文化脫節
7. 製作時的假設是大眾已經對某個特定的議題感興趣
8. 不真實
9. 不夠獨特
10. 不吸引人，或是使用的言語不吸睛

### ↘步驟三：創作自己的鉤引點

　　現在，輪到你來練習創作屬於你自己的獨特鉤引點了。想像一下，你被指派負責某家主流雜誌或報紙上的封面專題報導，目標是一印刷出來，馬上就可以大賣，並且替你的公司帶來為數可觀的顧客。為了達成這個目標，你要站在顧客的立場思考。

　　想像有一位女士（她是一名潛在顧客），走在一條繁忙的街道上，車輛的喇叭響個不停，有很多光鮮亮麗的人走過，還有一些人在大吼大叫，而你的潛在顧客不停左躲右閃地穿越街道。現在，她正經過一個書報攤，攤子上有著另外 30 家的報章雜誌，有可能會率先抓住她的注意力。

　　在這個情境裡，你該如何創作出標題／鉤引點，來抓住潛在顧客的注意力，足以讓她停下腳步，真的買下那本有著**你創作的標題**的雜誌或報紙（而不是旁邊另外 30 份報刊雜誌），並且去**閱讀你的文章**呢？

　　你可以去書店看看，或是在網路上搜索你所屬的利基市場裡、相關雜誌前幾期的封面，藉此獲得一些靈感。你必須特別研究那些你

想要登上其專題報導的刊物，不管是《時尚》雜誌（*Vogue*）、《運動畫刊》（*Sports Illustrated*），或是《創業家》雜誌，花點時間讀讀標題，哪些對你來說很有吸引力？哪些沒有脫穎而出，也沒有讓你想要一頭栽進雜誌去閱讀文章？讓你決定把一本雜誌拿起來看（或是不拿起來）的原因是什麼？思考一下這些面向，藉此替自己的品牌找到最有效的鉤引點。

　　你可以利用一則數位廣告或是腦海中的一則內容，來進行這項練習。想想看一位男士正在看 Instagram、YouTube，或是臉書的動態消息——能夠抓住他的注意力，並停住 3 秒甚至更久的標題或影片開頭會是什麼？

　　為了測試你的點子，你可以用繪圖軟體 Photoshop 做一個模擬的 Instagram 探索頁面（這個頁面的構成，包含了潛在顧客所追蹤的帳號的貼文、其他類似帳號的貼文，以及高互動率的貼文）。如果你認為你的受眾花較多時間在 YouTube 上，你也可以做一個「建議影片」的模擬頁面，這個頁面是在一支影片播完後，YouTube 建議你繼續觀賞的其他影片。

　　等你做好模型，就把你的影片封面、題目和大標題放上去，看看哪些會脫穎而出、抓住人們的注意力，哪些則會迷失在這團眼花撩亂的內容當中。你必須選出可以跟其他數十個選項競爭的組合。你的鉤引點需要吸引到足夠的注意力，讓大眾想要點擊你的內容、繼續看下去，而不是其他人的內容。

　　在這個練習裡，盡可能創造出最多的鉤引點。從一份長長的

列表開始，再進行刪減，你通常會從自己舒適圈裡的東西開始，但你要持續把自己推到舒適圈之外，因為最厲害的鉤引點通常是在這裡發展出來的。你要盡力想出最多的點子——特別是那些跳脫傳統框架的點子。記得，僅僅因為你把它寫下來，並不代表你一定要用，所以讓自己放寬心、寫下全部的想法。思考的格局要大一點，想些不一樣的東西。

等你完成這份列表之後，就開始刪減，最後留下**三個最佳選項**，接著重複整個過程，也就是：創作、縮減到剩下三個點子，然後再次重複。

### ↘步驟四：比較你的各個鉤引點

這個步驟是將你剛才創作好的原創鉤引點，跟步驟一那些已經大獲成功的鉤引點放在一起，進行比較。因此，你需要製作一張清單，把這些鉤引點都放到同一頁上。

現在，對這張充滿大師級點子的鉤引點列表進行排名，以找出最優秀的鉤引點。你也可以問問朋友、家人和團隊裡的其他人，請他們選出最喜歡的幾個。如果你在步驟三創作出來的原創鉤引點都沒有打敗步驟一的內容、無法在這份新整合的清單中獲選為最優秀的鉤引點，那就要回頭修正你的鉤引點，直到你的鉤引點的排名，可以凌駕在你從其他品牌找到的鉤引點之上。這個過程會讓你鼓勵自己，盡可能成為最厲害的鉤引點創造者。成為專家可能需要花點時間，但是當你打敗競爭對手的時候，這項投

資將會讓你坐收紅利。

要記得，每天都有 60,000,000,000 則訊息在線上流竄，你的鉤引點必須要能夠穿越這些雜音。

### ↘步驟五：測試、重複，並反覆操作這套流程

在你想出你認為可以通過測驗的鉤引點選項之後，拿給你的朋友和同事看看，以找出哪些能吸引到最多關注。你也可以利用社群媒體或搜尋引擎廣告平臺，或是使用你的電子郵件名單，對你的鉤引點進行 A ／ B 測試。

如果你沒有立刻成功，請不要擔心，這個過程可能會需要一些時間。最重要的是你必須持續修改、重複並改進你的鉤引點，以便替自己的品牌或公司找到最引人入勝的幾個鉤引點。

## 對你的鉤引點進行 A ／ B 測試

克雷·克里蒙斯表示，不管你在製作強力的行銷內容這方面多有經驗，都還是可能會發想出一敗塗地的鉤引點；此外，有些可以擊出全壘打的概念是完全超出你所預期的。這就是為什麼持續對你的點子進行 A ／ B 測試是如此重要。A ／ B 測試是一套流程，用來比較某事物的兩個（或更多）版本（例如標題、網頁、電子郵件、社群內容或是其他行銷資產），並衡量它們之間在成效上的不同之處。

　　即便你找到了有效的版本，我依然建議你繼續測試和學習。你可以在我的第一本書《百萬粉絲經營法則》裡找到很多關於如何進行 A ／ B 測試的資訊，以下網址則是一份指南，告訴你該如何按部就班地對標題和鉤引點進行 A ／ B 測試：www. brendanjkane.com/test。

　　如果你找到成效很好的鉤引點，你會開始想要把錢投進去做廣告、購買付費媒體，以便讓目前的客戶與潛在客戶看見它們。最後，在某個時間點，這些鉤引點的效果會開始衰退，這時你就需要繼續創作、測試與精修新的鉤引點。因此，本書和上述練習的目的，就是讓你成為持續發展鉤引點的專家，好讓你的品牌維持長期成長的狀態。

## ｜要點提示與複習｜

- 在創造鉤引點時，想想看你的產品和資訊的獨特點在哪裡，以及為什麼你的產品對其他人的生活來說是重要的：解決了哪些痛點？你的產品或服務可以替某個人的生活帶來哪些最終成果？

- 用你的鉤引點去顛覆期待是一項很不錯的戰術，可以成功抓住群眾的注意力。把一些大眾普遍認同的信念或說法，澈底翻轉過來。

- 如果你可以把你自己跟其他即時、有趣且符合受眾需求的主題連結在一起，人們就會停下腳步專心聽你說。

- 想想看你的潛在客戶，以及他們腦海裡可能會出現的對話——利用那些讓他們半夜睡不著的問題。針對他們試圖解決的問題，提出一些解決方案。

- 找方法包裝你的資訊，讓你的資訊更容易被消化。把你的資訊切割成可以一口吃下去的小片段，並且用鉤引點的形式來測試。

- 找出下一個新東西，要有文化意識、跟進最新的潮流，並試著超越這些潮流。

- 請參考本章裡的「創造有效鉤引點的 5 個步驟」，這能協助你創造鉤引點。

- 當受眾看到你的鉤引點時，腦筋動得太多或太少都不是好選項，要確認你的鉤引點在 3 秒內就能被理解。

- 在創造鉤引點時，從一個較廣泛的清單開始，再進行刪減，直到剩下三個最佳選項。接著重複這個過程——創作、刪減到剩下三個，再重複一次。

- 去逛逛實體書店，或是去社群媒體上看看，也可以去其他能夠研究鉤引點的地方看看，獲取一些鉤引點的靈感。

- 持續測試你的鉤引點，這一點非常重要，這會讓你更清楚哪些是最有力的。你可以使用電子郵件的聯絡人清單，或是在社群媒體與搜尋引擎廣告平臺上進行 A ／ B 測試。

（如果你希望有人協助你替品牌或公司發展出最佳鉤引點，請見 www.hookpoint.com/agency，填寫簡單的問卷，談談你的公司與目標。）

# 第三章

# 每天 60,000,000,000 則訊息

## 如何在雜音中殺出重圍

**H**OOK POINT

　　既然你已經理解，讓鉤引點變得強而有力的背後原則，現在，我們來具體看看如何將鉤引點的力量應用在數位內容和影片的創作上。每天在數位平臺上會有 60,000,000,000 則訊息被發送出來，因此鉤引點是一項不可或缺的工具，能讓你在一片雜音中脫穎而出。你也可以更有效地運用鉤引點包裝你的內容，讓內容更有機會產生有意義的互動、強力的病毒式傳播與成長。

　　在本章中，我會介紹可以吸引並抓住大眾注意力的圖像和視覺的說故事戰術。利用視覺說故事相當關鍵——如果有選擇的話，59％的公司資深高層，比起閱讀文字，都寧願看影片。這是一個新的現象，叫做「圖優效應」（picture superiority effect），指的是比起不用圖像，用圖像呈現資訊會比較容易使受眾接收與記憶。如果你在社群媒體的貼文有放圖像，會增加 180％的互動度，而且內容續看率的比例會提高 65％。[47]

## 用鉤引點來包裝你的資訊

　　回到我跟記者凱蒂・庫瑞克合作的那個時候，我們訪問過一些世界上最頂尖的名人，包括潔西卡・雀絲坦（Jessica Chastain）、喬・拜登（Joe Biden）、饒舌歌手錢斯（Chance the Rapper）、DJ 卡利（DJ Khaled）等等。透過對這些內容所進行的測試與其過程，我發現，時下一位名人有多紅，跟那段內容的表現和成效有多好之間幾乎沒有什麼相關性。這是一個簡單的

事實，現在的世界，光是一位有名的人並不足以提供足夠的動機，讓人停下腳步關注一則內容。真正會吸引目光的是在數位平臺上包裝、呈現與表達資訊的方式。比起內容是否以某個名流為主角，一個主題被呈現給受眾的方式，通常更能決定內容成功與否。換句話說，只利用名氣是不夠的，名流們還需要討論那些具有強力鉤引點的內容，才能讓觀眾滑動態的手指停下來，進去觀看內容並與之互動。

我們開始著手對數位平臺上的標準訪談內容進行創新，好讓庫瑞克可以在一堆雜音中脫穎而出。我們剛開始進行的時候，她才剛剛從電視轉戰到以數位為主的播送方式，也才剛跟雅虎合作，而演算法並不青睞她的內容。換句話說，她的內容被壓在底下，並未出現在她的粉絲和她訪問的那些名人的粉絲眼前。為了修正這個問題，我們必須徹底改變在社群媒體上製作、剪輯、發布內容的方式。因此，我們並不是先討論她在訪談中要問哪些問題，而是聚焦在訪談最後的成果會呈現的模樣。說得更具體一點，就是從訪談的內容中，可以產出哪些可能的鉤引點來抓住大量受眾的注意力。根據我們認為各段訪談對於不同受眾的吸引點，我們替每一則訪談分別設計了鉤引點。我們所選擇的受眾不只是對訪談有興趣的人，還是我們認為會想要將這個內容分享給自己所有認識之人的受眾。

當庫瑞克和我第一次跟雅虎開會時，對方的高層主管告訴我，庫瑞克的觀眾群非常窄。我理解他們想要打中特定的人口族

群，以維持自己的地位，並為他們目前的廣告主實現他們的目標；但我也知道，如果要有大規模的成功並贏得演算法的青睞，就需要讓庫瑞克的內容的吸引力得以延伸、超越原本的觀眾群，而且動作要快。

　　若要達到這個目標，我明白最好的策略就是根據訪問的對象或談論的主題，找出每則訪談內容的核心擁護者。為了達成這個目標，我們需要替每段訪談發展出不一樣的鉤引點，目的是在統計數字上提高機會，讓訪談更可能被這群核心擁護者分享給他們認識的所有人。如果可以提升每則訪談的分享人數，就會誘使演算法讓該內容的觸及率變高，並提升整體的傳播潛力。如此一來，我們所做的努力，就會讓雅虎的廣告主的目標受眾人數有所提升，同時也讓庫瑞克和雅虎的品牌出現在新的受眾面前。我們在做的事，基本上就是讓朋友分享給朋友、兒女分享給父母、手足分享給手足。利用鉤引點的力量，我們精心規劃了一套方法，大規模地打中了我們瞄準的每個受眾群。

　　我跟庫瑞克一起測試的第一則內容是演員伊莉莎白‧班克絲（Elizabeth Banks）的訪談，我們的腦海裡有三個主要的鉤引點，並以此來構築整段訪談。我們仍舊從鉤引點開始著手，而不是庫瑞克要提的問題。既然班克絲出演了《飢餓遊戲》（*The Hunger Games*）和《歌喉讚》（*Pitch Perfect*）系列電影，而且還是一位強而有力的女性主義倡導者，我們因此設計了一些鉤引點，能夠分別讓這些主題的受眾產生共鳴。

　　就像之前提到的，我們考慮了所有的決定和最終想要達到的成果——關於《飢餓遊戲》、《歌喉讚》或是女性主義，有哪些鉤引點會讓人們停下手指、不再滑動態，而是專注在庫瑞克和班克絲討論的內容上？要如何包裝這些鉤引點，好讓受眾停下那根無止境滑動著螢幕的手指？光是班克絲聊熱門主題這點還不夠，訪談的包裝需要很多獨特的鉤引點，也就是受眾在此之前並不知道或沒看過的東西。

　　當我們在發想鉤引點時，我使用了雜誌練習（上一章最後的步驟三），我在想，如果《飢餓遊戲》的粉絲在街上走著，哪一個標題會吸引他們的注意力，並足夠吸睛到讓他們停下腳步、拿起文章來讀？我們替班克絲的訪談內容所創造的標題／鉤引點中，成效最好的是：「我是怎麼拿到《飢餓遊戲》的那個角色。」這個鉤引點吸引到的不只是電影的粉絲，還有那些有志要成為演員的人，或是那些單純好奇需要做些什麼、才能演出重要電影作品的人。有一點很重要，我們光是替這段訪談就製作了超過 30 個鉤引點，並測試過這些鉤引點數百種不同的變化，以找出能夠致勝的版本。

　　發展高效能的鉤引點並不是用猜的，或是將所有籌碼壓在同一個鉤引點上，而是應該去測試、反覆產出鉤引點、再做更多測試，直到找出可以驅動成果的正確答案。

　　（若想進一步了解我針對庫瑞克的訪談內容進行 A／B 測試的流程，可以看我的第一本書《百萬粉絲經營法則》。以下網

址有一份 A ／ B 測試指南，你可以按部就班地跟著操作：www.brendanjkane.com/test。）

雖然班克絲的訪談獲得很多觀看次數與互動，然而，我跟庫瑞克合作的訪談中，成效最好的是布蘭登‧斯坦頓（Brandon Stanton）的訪談，他是攝影部落格「紐約的人」（Humans of New York）的創立者。該訪談中成效最好的影片帶來超過 2,000 萬次的觀看量，而且分享數超過 24 萬次，我們用的標題是：「『紐約的人』的創作者今天來到雅虎全球新聞，與主播凱蒂‧庫瑞克討論他在臉書上寫給唐納‧川普的公開信。」這支影片觸碰到非常具政治性、也非常情緒性的主題，而且，無論一個人支不支持川普總統，通常都對他抱持強烈的意見。

以這支影片來說，鉤引點並非在於標題，而是來自於斯坦頓的開場白：「我看過你在推特上轉推種族主義的圖⋯⋯」此外，不只是他說的內容，還有他強烈的表達風格，都會吸引人們觀看——他們想要聽他接下來會說些什麼。這支影片發布的時機也有幫助——這是在 2016 年大選期間，適逢選情最高漲的時候所發布，那時很多人都很緊繃、很情緒化。有很多希拉蕊（Hillary Clinton）的支持者，把這段訪談分享給他們認識的所有人。這是一個完美的例子，展現了內容的成功並非只是因為跟名流綁在一起。我們訪問過名氣比斯坦頓高過百倍的名流，但斯坦頓的影片的成效還是比其他影片都好，因為影片的主題、包裝的方式、步調、斯坦頓的人格特質，以及一個會造成兩極化效果的鉤引點。

## 我的影片爆紅了，原因是這樣的

德雷克‧穆勒（Derek Muller）是 YouTube 科學頻道「真相元素」（Veritasium）的創作者，該頻道訂閱數超過 1,000 萬。他製作了一支影片，叫做〈我的影片爆紅了，原因是這樣的〉，這支影片解釋了 YouTube 的演算法，以及利用鉤引點去吸引人們觀看你的內容有多重要。（你可於此觀看完整影片：www.youtube.com/watch?v=fHsa9DqmId8。）

在 YouTube 剛起步的時候，訂閱數比什麼都重要，意思是只要大家訂閱一個頻道，YouTube 就會在這些人進入首頁時，將他們所訂閱的頻道的內容推介給他們。這使得創作者的工作變得相當簡單——擁有眾多訂閱者的創作者，頻道的觀看時數也會很高。但是，我們現在生活在一個 3 秒鐘的世界裡，YouTube 也得要適應這個世界。為了讓人們留在平臺上，而不是去臉書、Instagram 或其他平臺，YouTube 需要改變演算法。YouTube 很快就發現，如果標題裡有厲害的鉤引點，就會吸引到相當長時間的觀看時數，而這種吸引大眾觀看內容的方式，就跟在街上賣報紙的模式很類似。（我就跟你說吧！）

穆勒擔心演算法會產生推力，致使人們開始創作那些聳動的新聞項目，他認為這是在鼓勵黃色新聞學（yellow journalism）——在完全沒有調查或是極少的調查下，就將新聞內容分享出去——也就是用吸睛的標題來增加銷量。他認為，當演算法只偏好

訂閱數的時候，社群平臺就只能提供具有真實性的故事，如此一來，創作者就無須耍伎倆去爭取大眾的注意力。

　　然而，YouTube 和大部分的社群平臺，都在迎合這個 3 秒鐘的世界。YouTube 降低了訂閱人數的重要性，並提高了穆勒稱為「釣魚式封面」的重要性。我個人不推薦使用不真實的內容或釣魚的方式，而且這些做法也不像以前那麼管用，因為演算法已經理解了釣魚是怎麼一回事。目前，演算法不只是偏好點擊率，還有觀看時間與續看率（下文會有進一步的討論）。我在第五章會更深入談論，創造具有真實性的鉤引點與故事的重要性，但現在請先記得，吸睛的標題（而非釣魚式標題）是很重要的，尤其是當你想要在 YouTube 上取得成功的時候。

　　穆勒繼續解釋道，他最紅的影片有著超過 7,500 萬的觀看次數，而他在創作這支影片時，就是一邊思考著上述的標題理論。他當時人在紐約市的創作者高峰會（Creator Summit）上，正在給 MrBeast（訂閱人數超過 8,560 萬的 YouTuber）看幾段影片，那些影片是關於洛杉磯銀湖水庫裡用來保護水質的黑色塑膠球。MrBeast 知道這段影片會走紅，所以兩個人討論了哪些標題和封面可以提供最厲害的鉤引點。穆勒當時在考慮要不要把影片取名為「投擲遮陽球」，但 MrBeast 把他從那個標題上帶開，提議改成「為什麼這座湖上面會有 9,600 萬顆黑色的球？」，接著，穆勒把「湖」這個字改成「水庫」（因為那就是座水庫）。重點是，穆勒相信這支影片的熱門程度，會跟一個具有鉤引點的標題

（Why Are 96000000 Black Balls on This Reservoir?）和封面高度相關，這將會勾起觀眾的興趣並點燃他們的好奇心。

　　穆勒解釋，這支影片能夠爆紅，並且在 YouTube 上獲得數千萬的觀看次數，靠的是這兩個指標：

1. **觀看時間。**當有人觀看你的影片長達 7 ～ 8 分鐘，你在 YouTube 的演算法裡就會被視爲表現良好。若要達到這個觀看時間，你的影片長度至少要有 15 分鐘。
2. **高點擊率。**這項對於鉤引點來說尤爲重要，點擊率是由標題與封面圖片的總點擊率，除以同一個標題和封面出現在網頁上的次數所計算出來的。

　　MrBeast 告訴穆勒，當點擊率接近 10％、20％，或是超過 30％時，影片獲得的觀看次數和曝光量就會有戲劇性的躍進。事實上，正是如此戲劇化的增加，使得標題和封面（對影片來說就是鉤引點）在 YouTube 上具有壓倒性的重要性。

　　「你可能有很棒的影片，但除非你有很厲害的鉤引點，能夠讓人們點進來，否則就不會爆紅。」穆勒如是說道。所以，你看——這就是證據，證明這本書很天才！（開玩笑的啦。）認真來說，鉤引點真的很重要。YouTube 可能會再次改動或有所變化，但這並沒有改變一個事實，即隨著這些平臺的內容愈來愈多，脫穎而出便至關重要。

　　穆勒繼續說明,你可以用影片封面來讓自己脫穎而出。封面是鉤引點最初的視覺元素之一,你必須找出封面的最佳選項。很多 YouTuber 都會用繪圖軟體模擬出數款自己的 YouTube 主頁,他們會實驗各式各樣的封面,擺放在不同位置,看看哪些最吸睛。那些在 YouTube 上表現最好的創作者會測試各種封面,因為他們知道最有效的封面會讓自己脫穎而出,並獲得更多的觀看次數。

　　這在不遠的未來甚至還會變得更重要,因為 YouTube 正在讓平臺變得可以實時呈現點擊率。穆勒的假設是,這樣的改變會讓大家在發布影片後,能夠立刻實時測試各個版本的封面,以達到最高的點擊率。事實上,穆勒認為,如果創作者不這麼做就會落後,而且他們的影片就不會被看見。要是不希望自己的影片被埋沒、消失在一堆內容裡,那麼影片主題、標題與封面圖都必須能勾住觀眾。他說:「事實是,當觀眾看見你的標題和封面時,才知道有你這個人的存在。」

　　能夠讓大眾看到自己感興趣的影片,這樣的數位空間是很有限的。所有社群頻道都需要利用自己手上的數位空間,也就是動態牆,來展示人們想看的影片。YouTube 的觀眾會利用觀看時間和點擊等動作,來表達他們的喜愛。即使演算法一直在改變,但目前 YouTube 正在優化長期觀看時間,因此,結合你在本書中學到的鉤引點,以及優秀的說故事技巧,在社群頻道上滿足你的觀眾並擊敗演算法吧。

## 演算法

　　我們簡短討論一下演算法。人們會因為演算法沒順著自己的心意運作而感到很挫折，但演算法的目的是把這件事做得非常好：確保受眾會想要一直回到某個社群平臺上。想像一下，如果你打開臉書、Instagram 和 YouTube，但螢幕上充斥著無聊、沒意思又不好笑的內容，你會怎麼做？你會關掉應用程式，轉而去看其他的。而且，如果每次你打開這個平臺，同樣的事情一直重複發生，你的行為就會慢慢改變，開始把時間分配到其他平臺上。為了避免使用者的注意力流失，每一秒都會有大量內容被上傳上去，而且大部分的使用者若沒有追蹤幾千個帳號，至少也會有好幾百個，於是，演算法就必須選擇哪些內容要放到動態牆的最上端，哪些又會被壓在底部。

　　當你看到追蹤數龐大但互動率很低的帳號時，通常不是因為受眾不互動或是這些帳號有假的追蹤者，而是因為演算法判斷平臺上有其他內容更能引發互動，於是將這些內容視為比帳號的追蹤數更優先的判斷標準。發生這種事的時候，這些帳號之所以無法獲得高互動率，是因為他們大部分的追蹤者甚至連看都沒有看到他們的內容。

　　假設有一個帳號擁有 10 萬個追蹤者，每貼出一則內容時，演算法就會率先推送給其中 500 名追蹤者，並評估幾項核心指標（例如觀看／觸及比率、分享／觀看比率、互動／觸及比率等

等）。如果這些比率和互動數字符合演算法的期待，這則內容就會繼續被推送給另外 500 名追蹤者；假如比例依然很漂亮，接下來，另外的 1,000 人就會看到這則內容，再來是另外的 2,000 人，然後繼續下去。如果演算法判斷你的內容是有效的，就會繼續把內容推送給不是你的受眾的人。但另一方面，假若你的內容被推送到一開始的 500 人面前時的比率不夠漂亮，你的觸及也就到此為止了——演算法會發現那則內容並沒有引起對象的共鳴；而且更糟的是，如果你持續放上觀眾參與度和互動度很低的內容，你的帳號整體就會被認為是無效的，那麼之後你每次貼出內容，最一開始的觸及數就會大受限制，演算法也不會再給你的帳號其他機會。

因此，你持續推出的內容必須設法跟受眾互動，並符合演算法在尋找的東西，這是非常重要的。當演算法認同你是一個有成效的內容創作者時，每次你貼出新的內容，你的觸及也會增加。它會讓你體驗到像是傑・謝帝（Jay Shetty）和饒舌詩人地球王子（Prince Ea）這樣的內容創作者般的戲劇性成長——他們每次分享內容時，都會有大量的觸及與成長，並產生數十億次的觀看數。

（若想知道更多，也想了解關於此議題的最新資訊，請造訪我的部落格：www.brendanjkane.com/bkblog。）

# 3 秒鐘原則

我小的時候，大人常常會提到「3 秒鐘原則」，意思是如果有食物掉到地上，在 3 秒鐘內都可以撿起來吃掉，超過 3 秒鐘則會認為食物已經被汙染了。現在，同樣的原則也適用於社群媒體影片的觀看上：觀眾在 3 秒鐘內就已經決定是要繼續看下去，還是要在社群動態上略過這支影片（而且他們通常在 1 秒之內就決定了）。

3 秒鐘是從哪來的呢？就像本書前言中提過的，麥特・裴克斯解釋道，3 秒鐘是臉書用來計算動態消息中影片觀看次數的標準。他說：「如果你在一支影片上停留的時間超過 3 秒鐘，對我們而言就是一個訊號，這告訴我們，你不只是單純滑過這些動態而已，你已經展現出想要觀看那支影片的意圖。」

愈多人看完你前 3 秒的影片愈好，這會讓你更有機會獲得大量的觀看次數，觀看時間也會更長。如此一來，演算法會站在你這邊，將你的內容推給更多人。

在 1 秒內抓住注意力，進而獲得 3 秒鐘的觀看時間是很困難的，因為這是很短、很短的時間。這就是為什麼你的內容必須有一個堅實的鉤引點是如此重要。我們來進一步探索你要如何使用對於鉤引點的了解與知識，以構築你的影片、大舉提高觀看次數。

## 破哏

　　我之前提過，艾瑞克·布朗斯坦是分享力公司的首席策略長（他替足球選手 C 羅、奧運、Adobe 和 AT&T 以及許多大公司與名人都製作過數位內容），他表示，線性的說故事方法不適用於社群影片──這種方法不會讓你在 3 秒鐘內抓住注意力。反之，他建議社群內容創作者可以考慮在影片一開始時就先「破哏」。分享力公司的影片，常常會把哏或情緒性片段放在影片剛開頭的 10 秒鐘內，他們之所以這麼做，是因為這會讓影片更有機會獲得互動、甚至爆紅。此外，輔以更易懂的視覺化敘事策略──針對手機用戶進行內容優化、使用特寫圖片，以及拍攝時使用合宜的照明──將內容中最有趣或是最能勾起情緒的部分放到開頭，能讓你快速抓住大眾的注意力。

## 如何設計完美的承諾

　　我之前提過納文·構達，他是我團隊中的數位內容策略師，同時也是 First Media 的前內容副總裁。他讓 First Media 社群內容的成效高達每月 30 億次的觀看數。他經營的社群頻道通常是迎合千禧世代的女性與母親的偏好，他在 Blossom 頻道上放了關於 DIY 的內容、跟生活小技巧相關的空間：www.facebook.com/FirstMediaBlossom/；So Yummy 頻道是跟食物有關的內容：

www.facebook.com/firstmediasoyummy/；Blusher 是美容相關的內容：www.facebook.com/firstmediablusher/。常見的內容概念，包括獨特有趣的食譜、教導觀眾如何將嬰兒食品空罐做成相框，或是清潔並重新利用日常家用品的特殊方法。

構達在 BabyFirst（First Media 旗下的品牌）剛起步時，當時一則內容幾乎連 1,000 個按讚數都很難達到。他覺得很挫折，但他注意到數位空間裡的其他內容創作者，其影片觀看次數經常高達數百萬，於是他開始去探索他們的祕密。

他先是以溝通與設計的角度分析了競爭對手高成效的內容。構達研究了一些成功的頻道，像是 Tasty，那是 BuzzFeed 創立的社群頻道，會分享跟烹飪、食譜與食物相關的內容。構達拆解了 Tasty 創作內容的方法，並以 BabyFirst 的品牌眼光，複製了這套方法。他選擇 Tasty 作為學習的榜樣，是因為這個頻道在飲食的領域相當具有革命性。2016 年，Tasty 擁有 370 萬訂閱者，在不到一個月的時間內，影片觀看次數就超過 1.9 億。[48] 截至目前為止，Tasty 觀看次數最高的 YouTube 影片是〈我做了一個 30 磅重的巨型漢堡〉，觀看數超過 4,300 萬次（你可於此觀看：www.brendanjkane.com/tasty 或 youtube.com/watch?v=z4L2E6_Gmkk。）

構達最重要的發現是，社群媒體影片的前 3 秒應該用來向觀眾做出承諾——承諾內容是關於什麼，以及會如何傳遞訊息。你無法在 3 秒鐘內傳達整個品牌的概念或做出總結，因為觀眾完全

沒有為你將要說的內容做好心理準備。運用這極短的時間的最佳
方法,則是為你的訊息設定期望:它會是清晰且引人入勝,還是
混亂又難以理解?你會希望讓你的觀眾在觀看前 3 秒時享受到樂
趣,這樣他們才會給你更多的時間。

每次你在社群媒體或任何同類型的地方放上影片時,其實都
應該要想像你是要在觀眾的世界裡應徵一個職位,這種思維模式
會對你有所幫助。那份工作就是受眾的「時間」,而你想要分到
一些這項珍貴的資源。觀眾可以做的事情太多了,因此,除非你
呈現內容的方式訴諸他們當下的需求,否則你是無法爭取到這個
職位的。

如果你表達的方法很有力,那麼觀眾和演算法都會相信你。
假如你在最一開始就失去了受眾的信任,影片就不會被廣泛分享
出去,而這也讓影片一開始的那 3 秒鐘變得相當關鍵。

## 你引發的效果就是最大的成就

你在設法替社群平臺創作影片、設計訊息內容的時候,從觀
眾身上所引發的影響和效果就是最大的成就;而你最希望產生的
幾種效果,則包含讓人們不假思索地產生反應:「我的老天!這
也太聰明了吧」、「哇,我完全可以體會」或是「這真的讓人覺
得好滿足」。你會希望受眾對你的內容做出這種反射動作般的反
應,而不是讓他們想要從邏輯的角度去分析你的影片。爆紅是來

自於你的觀眾覺得內容有價值，而非他們對你、你的產品或理想所產生的想法。

　　當你知道你希望觀眾不假思索地產生這種反應時，就要確保其他相關的決定，如訊息傳遞、視覺風格、步調、演員、音樂等等，都能幫助你獲得你想要引發的反應。舉例來說，奢侈品牌 Gucci 就是這方面的專家，他們很擅長讓大眾對他們的產品產生特定的感受。他們會製作整套的行銷宣傳，就是為了要讓你覺得，只要穿戴他們的產品，你就會有地位、有力量、成熟幹練又性感。他們傳遞的所有訊息，都會支持他們希望當季產品能夠引發的效果。當你一踏進 Gucci 的店面，他們呈現的就是一種有別於傳統零售店舖的體驗（並不是一整排打折的貨架，上面放著摺好的襯衫那種）。Gucci 承諾給你的是奢華與高檔體驗，甚至只是路過他們的櫥窗都可以感受得到。他們理解該如何引發效果並造成影響，這也是大眾願意接受一件製作成本可能只要 20 美元的 Gucci T 恤、卻開價 450 美元的原因。設計精良的內容也能做到──這樣的內容會提供 450 美元的價值，與此同時，在同一媒體平臺上（臉書、Instagram、YouTube）的其他內容，卻只能提供 20 美元或更低的價值。

　　選擇你的鉤引點時，先確認你想要為觀眾帶來什麼樣的效果。比方說，In-N-Out 漢堡比許多競爭對手都更成功，是因為他們知道自己想要帶給顧客什麼樣的影響。他們的鉤引點並不在於漢堡，而是在於你走出他們的餐廳時會感到心滿意足，而且下次

肚子餓的時候還會想到他們。構達認為，In-N-Out 的所有選擇都在支持著這樣的效果，包括菜單上的選擇不多，因為如此一來你就不會分心，也不會因為選擇太多而感到無所適從，你會單純聚焦在食物的品質上。刪減與簡化是很困難，但卻能確保消費者的體驗全在自己的掌握之中──結果就是消費者得到的體驗，完全就是 In-N-Out 希望他們獲得的，而 In-N-Out 也可以集中力氣，將這些特定的元素做到極好，以忠實體現自家品牌的口號：「吃得到的品質。」

每當你創作出一則內容的時候，都要問問自己：「這會對我的觀眾造成什麼樣的效果？」以及「我想要有什麼效果？」等你回答完這些問題，就去做點功課，判斷其他內容創作者是否已有成功先例──意思就是，他們是否已經成功觸及到你的受眾。若你想要製作某個領域的內容，自己得先成為該領域裡的學生，否則，約莫半年之後，你可能就會發現，如果當初你先從他人的成功與失敗當中學習，就可以省下大把大把的時間和鈔票。

首先，考慮你想要達成的目標，再去製作鉤引點和影片開頭的 3 秒鐘，這會讓你設計出更有效的內容。你要把受眾吸引到你的內容這邊，他們才會想要繼續收看完整的內容，如此一來，演算法也才會持續讓更多潛在的新關注者看到你的內容。

（我們的專家級內容創作團隊曾經在線上產生了幾十億的觀看次數，若你想要向我們學習如何有效地設計影片內容，可以在此查看一些選項：www.brendanjkane.com/work-with-brendan）。

## 如何不無聊：用對的步調來溝通

你必須用快速且令人感到滿足的步調來傳遞你的價值，不要使用緩慢而一板一眼的步調。納文・構達提醒，你只有 3 秒鐘可以展示你的架構並做出承諾，表達這支影片能帶給觀者什麼價值。步調不要慢，但也不要匆忙地直接開始。你要用最一開始的 3 秒鐘建立起場景，並創造出某種行動，或是建立一個尚未解決的狀況。接下來，等這 3 秒鐘結束的時候，你就可以根據你想要呈現的點子繼續行動。

有很多人都想要非常快速地傳達過多的訊息，這會讓觀者跟不上，而一旦觀眾跟不上，就會開始覺得需要倒帶回去看——就像是晚了 20 分鐘才到電影院，而電影已經開演了——這種感覺會令人非常不滿。假如大眾覺得很困惑、看不懂，就不會想看完剩下的影片。此外，如果影片一次分享太多資訊，會讓觀者覺得東西都被擠在一起，這也會讓他們興趣盡失。

構達還說到，你的影片不一定要讓人很興奮，但要易於理解且有趣。重點不是壯觀的場面，而是讓影片一直都能引人入勝。無聊或是沒有吸引力的片段，對影片的效果造成的傷害，比人們認為的還要更大。自己創作的內容有多少吸引力，你全得誠實以對，然後運用創意去思考如何表達那些不是很吸引人的片段（同時也要決定這些內容是否必要）。

在創作 DIY 影片時（例如帶著觀眾一步一步製作某樣東西，

或是學習如何執行一項任務或活動），構達認為有一個在前 3 秒內就建立好步調的絕佳方法：從一個靜態的場景開始，鏡頭不要移動、也不要換角度，接下來，場景中出現一個物件，這個物件接著會發生一些事。例如，構達的團隊曾製作過一支影片，開場是一個紅色塑膠杯。最前面的 3 秒是這樣的：

1. 紅色杯子出場。
2. 有一雙手拿著杯子，杯子在手中被捏爛。
3. 捏爛的杯子被放了下來。

在這段開場之後，真正的影片就開始了。這可能看似很原始又很簡單，但這樣的單純性讓影片很容易理解，而且很吸引人。觀眾會停下來、不再往下滑別的動態，而是繼續看影片的下個 10 秒，事實上，這支影片獲得超過 1.9 億的觀看次數：www.facebook.com/watch/?v=10155697878679586。

你要確保大眾跟得上影片裡的步驟或資訊，就彷彿是有人在口述解說這些步驟。構達說，視覺圖像應該要按照這種節奏呈現：「首先，做這個；再來，是那個。」這種易懂的格式會替你搭好舞臺，讓受眾相信：「**我可以跟得上。**」而且也會開啟一連串的思考：「**好，接下來是什麼？**」同時，他也補充說明，這種線性的溝通格式不只適用於指導型影片——事實上，所有影片都該用線性的結構。

舉例來說，我所發布的〈如果不痛的話，就不算數〉（www.brendanjkane.com/count）就是一支步調良好的影片，展現了獨立品牌如何製作出優良的 3 秒鐘片頭。影片的前 3 秒鐘是成功的，因為在字幕和旁白的聲音出來之前，觀眾有時間去閱讀嵌在影片上方的標題，這是一種迷因字卡（具備鉤引點的功能），而且視覺素材展開的速度夠慢，所以當你在吸收標題和旁白的資訊時，不用分散注意力去看那些東西。

這支影片的結構設計是要讓觀眾經歷這樣的過程：首先，閱讀標題；接下來，瞄到視覺素材，並理解我所提供的背景資訊；現在，聽聽我在影片裡要說些什麼。接著，影片會從一開始的視覺素材，切換到我正在講話的動態影像，這會讓觀眾預期到，這並非一連串枯燥乏味的資料片段，而是一段經過思考的、有對話感的溝通過程。影片中我正在講話的部分，是一種非語言性的說故事技巧，能讓觀眾緊緊跟隨、理解我想要傳達的內容。

## 用滿足感來搭設舞臺

有一項通則，就是在 3 秒鐘結束之前，你不需要開始做太多動作。在這個時間點之前，你的目標是把舞臺搭好並勾起興趣。然而，雖然還不必發展出故事，但你還是要讓觀眾覺得影片的步調是適當的，不會很緩慢、無聊或拖拖拉拉。

在開頭的 3 秒鐘，你還需要傳達出一件事，就是這支影片在

視覺上的體驗是會讓人感到滿足的，而這個概念不一定能用邏輯來解釋。有一個可以切入的思考角度是「節奏」，開頭 3 秒鐘的視覺，應該要讓人覺得很滿足，才能抓住觀眾的注意力；這跟你在夜店聽到一首很棒的舞曲開頭的幾秒是很類似的體驗，如果你的身體可以跟著音樂動起來，你就會很興奮地想要聽完整首歌。

不過，意思並不是你的影片需要有高規格的製作品質，也不代表一定要發生什麼令人驚豔的事。你的開場可以是拿一個碗，用有趣的方式把一罐可樂倒進去。有人可能會以為看這樣的影片很無聊，但這種分析太具邏輯性了；這樣的內容安排之所以會成功，是因為在視覺上很吸引人，而這就是構達用來產生數十億線上觀看次數的方法。

## 不要讓你的觀眾動腦

在一開始的 3 秒鐘內，不要讓你的觀眾動腦。整部影片大部分的時間，其實都不要讓你的觀眾太認真地思考；如果你要求觀眾動腦，那就必須要有很大的影響力。意思是，有別於傳統的釣魚式標題，你的目的不一定是為了造成驚嚇或驚喜，有時候，光是用令人滿意的步調和優良的內容，就足以產生同樣的影響力，並引發真正的興趣。當你建立起一種正確的整體感受，並找到地方放進更多具技術性或是能引發思考的強烈訊息，對觀者來說，也會比較容易愉悅地接受。構達補充道，如果你建立起正確的整

體感受，就不會讓自己變成那種超級聰明、授課卻很無聊的教授
——兩個小時的滔滔不絕，一件事接著一件事地講；與之相對
的，就是會將故事與實務應用緊緊相連的人，讓你迫不急待想要
了解更多關於實務應用背後的技術成分。

### ↘ 如何在 3 秒鐘內建立滿足感

一支有成效的社群影片，前 3 秒是這樣的：

1. 觀看影片時，會令人感到滿足。好的影片會勾住觀眾，
   並說服他們投資時間，看完剩下的內容。
2. 用正確的步調推進。觀眾需要知道自己跟得上。
3. 使用線性結構來傳遞內容。（也就是，不要讓觀眾替你
   做你的工作。）

構達引用了三個結構相當優秀的影片作為例子：

- 〈5 個令人驚喜的祕訣，點亮你的一整天！〉：www.
  brendanjkane.com/bright
- 〈你已經成為你想成為的人了〉，由亞當・羅亞（Adam
  Roa）所發布：www.brendanjkane.com/adam
- 〈當你愛的人不支持你的夢想〉：www.brendanjkane.
  com/dreams

## 為什麼電影預告片會從 5 秒短預告開始

「傑森・包恩脫掉外套，無意識地揍了一個男人一拳，苦澀地望向鏡頭的方向，接下來，標題字卡就出現了。」這是《神鬼認證：傑森包恩》（*Jason Bourne*）預告片最前面 5 秒鐘的短預告，而正式預告片則緊接在後。在正式預告片的最前面放 5 秒短預告已成常態，《教宗的承繼》（*The Two Popes*）、《愛爾蘭人》（*The Irishman*）、《從前，有個好萊塢》（*Once Upon a Time in Hollywood*）以及《玩命關頭：特別行動》（*Hobbs and Shaw*），都是同樣的結構。這些作為開場的短預告就是鉤引點，用來爭取觀眾的時間，讓他們繼續看完整部預告片。

短預告存在於預告片裡的目的只有一個，就是要在 3 秒鐘內抓住觀眾的注意力。《ID4 星際重生》（*Independence Day: Resurgence*）其中一支預告片的開場，運用了很響亮又壯觀的視覺效果，雖然沒有解釋到底發生了什麼事，卻能脫穎而出並引發大眾的興趣，接著，正式預告片就會花時間解釋開頭的那 3 到 5 秒的影片發生了什麼事。電影公司之所以開始實行這種做法，是因為預告片會被分享到社群媒體上，因此，行銷人員只有寥寥幾秒可以說服觀眾不要滑掉影片，並專心看完。

派拉蒙影業前數位行銷副總拉森・阿內森相信，預告片的製作和設計方法是有好壞之分的。他警告道，單單因為視覺內容很鮮豔亮麗，也不一定代表抓得住觀眾的注意力。視覺內容需要引

發某種程度的興趣和好奇心，讓觀眾開始問自己：「哦？這是什麼？」影片必須引誘他們，讓他們想要看更多。如果大眾一次又一次看到這些吵雜又鮮豔的視覺，這種戰術也會變得無效。阿內森建議：「你得注意現在市面上有哪些東西，才不會抄襲到其他人。」你必須找到新方法來創造高度的興趣。

有趣的是，即便是在一則內容中就投資了數百萬美元的電影公司，都必須要很努力，才能找到戰術來抓住人們的注意力。電影公司需要在正式預告片之前先播短預告，恰好反映出這一點——在社群媒體上獲得觀看次數的競爭有多激烈。

## 你睡著的時候發生了什麼事？

阿內森負責過《靈動：鬼影實錄》（*Paranormal Activity*）的行銷活動，而且有兩個很強的標語／鉤引點，就是：「你睡著的時候發生了什麼事？」以及「一個人的時候不要看。」預告片裡的視覺化鉤引點，是觀眾在電影院看這部電影時的驚恐反應。預告片中幾乎沒出現什麼電影的內容，主要是呈現觀眾害怕、驚嚇和驚訝的反應。選擇這種方式來建構預告片，會讓大眾好奇到底是什麼東西這麼可怕，導致大家被嚇成那樣。

這支預告片的結構之所以如此，原因在於《靈動：鬼影實錄》是一部低成本電影，而且步調很慢；假如把這部電影的預告做成短片的格式，並不吸引人。事實上，阿內森覺得如果預告片

只是單純呈現電影中的片段,會很無聊。這不是那種高預算、第一眼就很吸睛,或是視覺效果令人大開眼界的動作片。這部電影沒有《復仇者聯盟》(*Avengers*)或《星際大戰》的高預算,因此若要跟那種電影的預告片競爭,不可能行得通。反之,藉由拍攝在電影院裡看這部片的人(展現出他們被嚇瘋的模樣),這創造出一個情境,讓看到預告片的觀眾很興奮,因為他們也想要親自體驗類似的反應。

總而言之,你必須知道自家產品的強項是什麼,而且呈現內容的方式也要能強調這些特色。有無限多種方式可以包裝內容,你要利用嘗試錯誤的方式,找出對你的產品或品牌來說最有效的方法。

＊　＊　＊

## 一個月內在 Instagram 上獲得 200,000 名追蹤者

我花了大量時間研究在 Instagram 上快速取得成長的策略。我所找到最快速的成長策略,可以讓我在一個月內增加 150,000 到 300,000 名新的追蹤者,方法是在其他已有大量追蹤數的帳號上測試並散播內容。我運用這個策略幫助自己在 Instagram 上增加了 100 萬名追蹤者,也替其他客戶和合作夥伴的追蹤人數增加了數百萬。

我用來散布內容的帳號中,最成功的是迷因類型的帳號。迷因帳號並非聚焦在某個人、網紅、品牌或公司的帳號,而是聚

焦在特定的利基市場上。幾乎每個主要的利基市場都有自己的迷因帳號：靈感、時尚、飲食、體育、搞笑等等。「迷因」一詞較正式的定義是：「許多人在網路上轉傳給他人的影片、圖片或句子。」Instagram 有幾個很熱門的迷因帳號，像是 @thegoodquote、@noteforself 以及 @thefatjewish。

迷因帳號的創立人必須是很厲害的內容整合者，才能抓住數百萬觀眾和追蹤者的注意力。我的團隊在 Instagram 上獲得快速成長的方法，就是在迷因帳號的頁面上張貼內容，再把人流導回我的帳號。你有兩個方法可以達成這個目標：

1. 自然而然地建構起互相分享的模式（意思是，如果你分享迷因帳號創作者的內容，他也會分享你的），或是以其他類型的合作去傳播內容。若要讓他們願意免費分享你的內容，一般來說，只有當你的內容非常引人入勝，或是你可以提供其他形式的價值給該帳號及其擁有者的時候，才會成功。

2. 你可以運用公開點名廣告（shout-out）的方式，這是在他人帳號購買廣告的另一種說法。（關於迷因帳號的廣告為什麼會有用，欲知更多資訊，請見我的課程「受眾快速成長」：www.rapidaudiencegrowth.com。）

當你在一個迷因帳號購買公開點名廣告的時候，你需要提供

讓大眾對你的帳號產生興趣的內容。基本上，你就是在替你的帳號做一個帶有強烈鉤引點的廣告；常見的形式是照片，再加上可以啟發他人或是讓人想要追蹤你的訊息。

若想要成功，你必須釐清哪一類的內容和鉤引點會讓群眾想要追蹤你的帳號。這聽起來很簡單，其實不然。創造出強力的鉤引點是最重要的一件事，否則整套流程都只是枉然。舉例來說，我們散布迷因的夥伴當中，有些人擁有超過 1,900 萬名追蹤者，要是我們張貼內容在他的帳號上，其中的鉤引點卻無效，最後可能只會帶來不到 200 名的追蹤者；但如果那則公開點名廣告中具有強力的鉤引點，就能在 24 小時內帶來 5,000 到 20,000 個追蹤者。在這兩個情境裡，我們的內容都是在同一個帳號上曝光，但鉤引點比較有效的那一組，卻能抓住大眾的注意力，並帶給他們足夠的動力，想要進一步了解被宣傳的帳號的內容，最後按下「追蹤」按鈕。

正在閱讀本書的人，其中大概有 99％都需要用極度有創意又有效的鉤引點來包裝自己的內容——我每天都親自用我的品牌和客戶進行實際操作。若想要在 3 秒鐘的世界裡脫穎而出，就要思考你希望人們看到你的內容時會有什麼反應。你必須明確地定義並測試什麼事會讓他們有動力去追蹤你的帳號。最重要的是要注意，就像鉤引點一樣，有效果的東西時時刻刻都在改變與演進。在你看到這句話的同時，上述的例子可能已演變成另一種不同的形式，因為老方法已經沒用了。

＊　　＊　　＊

## 迷因字卡是什麼？如何使用？

過去幾年，我在測試了數十萬不同種類的內容後，學到一件事：對於你準備要傳遞的資訊（可能是透過標題、迷因字卡，或是嵌在圖片上的文字），要讓大眾有一個單一且明確的期待，這對於

誘發觀看、點擊、購買或是分享你的影片來說，是極度重要的。

　　迷因字卡指的是，出現在臉書或 Instagram 的影片上方或下方的文字框，可以讓你快速且清楚地與正在滑社群媒體的人溝通你的鉤引點。如果你有在使用社群媒體，很可能已經看過迷因字卡了，看起來就是像前頁的圖那樣。

　　構達解釋道，在臉書和 Instagram 的語言當中，迷因字卡是很重要的一個結構──如果你不將之納入你的溝通風格裡，很可能會比較難在這些平臺上吸引到注意力。這是因為迷因字卡會建立對於溝通表達的期待，對觀眾來說也屬於第一印象，並具有簡介的功能。舉例來說，當你走到飯店櫃檯要辦理退房時，櫃檯人員沒有微笑，或是一開口就很沒禮貌，這會讓你有種預期──你將會有一次不愉快的互動；但如果那個人很友善，臉上掛著笑容又很有耐心，那麼即便他還沒開口說任何話，就已經建立起一個預期感──你會很享受這段互動過程。迷因字卡會替你建立好這樣的預期感──它會幫助你做出承諾，表明你會用某種特定方式去傳達你的互動（也就是內容）。

　　構達解釋說，有些人常常會製作一些語意模糊的迷因字卡，寫著：「你一定要看完這支影片！」這種提供如此少價值的迷因字卡，基本上就是在告訴觀眾，他們得要替創作者付出額外的努力，而不是從創作者那邊獲得有趣又明確的內容。

　　最近，文案寫手克雷‧克里蒙斯貼出一支影片，其中的迷因字卡是這樣的：「吃得健康，讓她刮目相看。」這句話是一個故

事的開頭，該故事講述他太太是如何因為他的健康飲食而對他刮目相看，接著談到營養飲食的重要性。他用迷因字卡的方式傳達了鉤引點，帶給觀眾足夠的價值，並告訴他們觀看這則內容不會浪費時間，也不會被迫多做一些額外的思考——他們可以被動地接受這些內容。最後，他會將這些大眾的注意力轉譯成行動，但並不是一開始就這麼做，因為你不能在每一則內容裡都要求觀眾做些什麼。觀眾有一大堆東西可以選擇，他們會選擇其他能夠帶來更多價值、又不會要求他們主動努力的內容。

一個有效的鉤引點迷因字卡會創造出一個興趣點，構達指出，這個興趣點不一定是要對內容中的故事做全面性概述；你可以從一個非常具有爭議性或是稀奇古怪的說法開始，但你的故事到頭來其實是很勵志或是具有啟發性的——只要你傳達的內容是真實的就行。意思是，不要製作釣魚式迷因字卡，而且要確保你所選的語句跟整體內容是具有一致性的。

有一則貼文成功做到了這件事，這個例子是亞當‧羅亞在 Mindvalley 的 Instagram 上發表的勵志演說（你可於此觀看影片：www.brendanjkane.com/roa）。這則影片的嵌入式文字（在此案例裡，這跟迷因字卡的功用是一樣的）是從一段有點嚇人的說法開始：「買下這部車，你就把得到妹；買下這件內衣，妳就釣得到男人。」接下來，羅亞說了一個故事，內容卻是提倡跟這個鉤引點完全相反的概念。那個故事非常勵志，說明了為什麼你不該聽信消費主義社會中的某些說詞——這些說詞試著讓你覺得自己

需要一些物質東西，才能吸引到另一半。Mindvalley 選擇了這些
讓人感到驚嚇的句子作為開場的鉤引點，是因為這些句子會吸引
到注意力，而觀眾在看完剩下的故事後，馬上就能理解這些說法
背後真正的意圖。這不僅只是一個想要嚇人的釣魚式標題，而是
有其目的，背後也有可以支撐的故事。

　　Mindvalley 最近開始在自家的影片裡使用鉤引點。透過迷因
字卡形式的鉤引點，Mindvalley 的影片成效直接成長為原本的三
倍。在使用鉤引點之前，他們成效最好的影片觀看流量在 20,000
到 30,000 次左右，而現在他們大部分在 Instagram 上的影片都可
以達到超過 100,000 次的觀看數。事實上，他們在臉書上成效最
好的影片，會有數百萬的觀看人次。他們包裝和溝通的設計方
式，是把重心放在影片剛開始的地方；他們做出了很清楚的承
諾，而觀眾的回應是給予更多的時間和注意力。

　　（若你想要深入了解迷因字卡，以及我們運用在客戶身
上其他會爆紅的內容形式，這裡有一份很詳細的報告：www.
brendanjkane.com/viralreport。）


## 測試迷因字卡

　　如果想要找到最合適的語句來製作迷因字卡，構達推薦對不
同的版本進行測試。請記住，你的迷因字卡需要能夠支撐你的訊
息，但不一定要重申你的訊息。如果訊息或影片談的是一個很複

雜的主題，那就用迷因字卡替這個概念建立一個參考點或基礎。只有當影片開場的步調很緩慢時，你才能使用更複雜且有力的迷因字卡標語。

　　舉例來說，下列這張字卡的主題是一個很廣大的概念：「你要自嘲，不然別人就會嘲笑你」（www.brendanjkane.com/laugh），導致觀眾需要處理很多訊息——這也就是為什麼我們會決定搭配一張不複雜的視覺內容，圖中是一位女士滑下一座積雪的山坡。這讓前 3 秒視覺內容的進展可以壓到最少，使觀眾有時間去消化這張迷因字卡。構達指出，如果你想要用迷因字卡溝通一個複雜的想法，同時又在視覺裡呈現複雜的內容，通常會讓觀眾難以消受。請記住這一點，而且要確保在你設計的訊息中，文字跟視覺之間有一個很好的平衡點。

　　你可以進行縝密的測試，以找出內容設計裡正確的平衡。構達和我會對不同的迷因字卡與 3 秒鐘的開場進行 A ／ B 測試，以便找出正確的平衡。選項 A 的旁白在開始前可能會延遲半秒，

這樣一來，透過觀眾的反應，我們就會知道影片哪邊需要編輯，好跟迷因字卡達成完美的平衡。然後，在接下來的選項中，我們會用迷因字卡測試不同的文字標題，或是用不同的資料畫面來開場。若要產出能夠在社群上爆紅的影片，還有很多極微小的細節之處，我們花了多年時間測試並精進這個過程。話雖如此，以下還是有幾個簡單的小技巧，可以讓你開始踏上這條測試與學習的道路。

### ↘創造出有效迷因字卡的三個小技巧

1. 做一份競業分析，看看競爭對手成功的影片，觀察他們用了哪些不同類型的迷因字卡。把你的點子擺在對手的影片旁邊，確保你的點子有脫穎而出（請見第一章最後的鉤引點練習）。

2. 提供價值。創造出這樣的迷因字卡很容易：「要看到最後」、「這會讓你有所啟發」或是「你絕對不會相信接下來發生的事」，但這些標語並沒有提供價值，一般而言受眾會對這種模糊的訊息視而不見。你不該這麼做，而是要試著將更能有所感受的價值元素融入迷因字卡裡。

3. 注意排版設計。找出句子或短語中的關鍵詞，可以的話，要特別強調這些部分，並且在你想有所突破的地方，把詞句分開來。你可以在「你要自嘲，不然別人就會嘲笑你」這張迷因字卡裡，看到同樣的呈現方式（你

可於此再看一次影片：www.brendanjkane.com/laugh）。

你會看到，我們團隊強調了句子中「你要自嘲」（Laugh at yourself）的關鍵部分，並決定把兩行句子區隔開來。而且，第一行是用粗體呈現，如此一來，我們就在潛意識中暗示了觀眾該怎麼閱讀這個句子，而這會讓觀眾更容易消化。我們可以選擇只把「自嘲」（Laugh）標成粗體、作為關鍵字，但這麼做會是個錯誤，因為這不夠完整，無法構成一個概念。構達建議，你必須立刻提供具體、有形的價值。光是「自嘲」無法告訴受眾任何事情，那就是一個詞而已，而「你要自嘲」就是個完整的概念，可以提供價值。

（我們在一個爆紅的影片和框架報告裡，詳細拆解了迷因字卡的排版設計原則，你可於此查看：www.brendanjkane.com/viralreport。）

## 使用社群的分析數據和搜尋功能，測試並找出鉤引點

阿內森還在派拉蒙影業服務的時候，會利用社群提供的分析數據來測試鉤引點。只要他們團隊釋出一則新的內容，就會在社群管道上獲得上萬、甚至是數十萬則的留言。根據這些資料，他們就能評估大眾是如何看待他們釋出的訊息；他們會明白哪些主

題和想法是群眾最在乎、回應最熱烈的。

舉例來說，當阿內森的團隊釋出恐怖片時，他們就會追蹤有沒有類似的留言：「我完全嚇瘋了！」這就是一個明顯的訊號，表示他們的內容或預告片是有效的。在《靈動：鬼影實錄》的宣傳活動中，有時人們會評論說廣告讓他們徹夜難眠，而這正是他們團隊想要達成的效果——希望觀眾被嚇到晚上睡不著覺。阿內森的團隊在社群媒體上看到的對話，就是他們成功最大的標誌之一。

然而，構達也提出警告：要謹慎地看待受眾的留言。一般來說，他認為觀看次數、續看率或分享數都比評論更重要；他同意從評論中可以得到一些線索，而且的確也需要知道你的影片對於觀者造成什麼樣的效果，但是，太直白地理解留言的內容是很危險的，這麼做可能會扼殺成長的機會，或是把你帶往錯誤的方向。你該做的是，從規模和比例去觀察大眾的反應，而不是僅僅觀察單則的建議。在閱讀留言之前，你應該先閱讀數據分析並做出推測，好讓自己的判斷更精確。你要利用留言來支持數據分析，而不是把留言當成你的嚮導。

假設數據分析顯示這則內容很強大，而且觀看後分享的比例高得不可思議，那你便知道這則宣傳內容是有效的，也就可以帶著這樣的認知去看留言。如此一來，假如有一個人留言批評該則影片，也不會影響到你未來的決定；你反而會知道要把注意力放在正面的留言上，以收集更多細微的見解，並明白為什麼這則

內容成效很好。在你高度認真看待受眾的留言之前，先去看看數據。

## 搜尋數據

　　阿內森團隊的另一個成功指標是在 Google 與其他搜尋引擎上的搜尋聲量。《科洛弗檔案》（*Cloverfield*）第一支預告片釋出的時候，這部電影還沒有定名，派拉蒙影業決定在預告片的最後寫出上映日期來代替標題。阿內森負責的是派拉蒙的檢索部門，而在預告片發布之後，出現了電影上映日期的檢索高峰。這顯示大眾有強烈的興趣想要了解電影上映的日期，因此，他的團隊在電影宣傳背後投入了更多資金，好讓這樣的動力可以進一步放大，吸引到更多人的注意。

　　你也可以利用搜尋數據來協助自己，找出行銷活動中最有效的鉤引點角度。構達認為應該要有更多人意識到，跨平臺學習和搜尋是多麼有力量的一件事。臉書、Instagram、YouTube、Reddit 和 Google 各有自己的演算法，而且，它們用來找出最有效內容的運作方式也有所不同。你要學會利用這一點，但也要知道陷阱在哪裡；其中有一個陷阱是，演算法會讓內容創作者和社群媒體管理者變得懶散——把工作都交給演算法做，會讓他們的分析受限，限縮為只看到自身領域內最有名的幾位內容創作者，以及其成效最好的幾則內容。構達警告道，你需要看得更廣，不

能單看你那個平臺上存在的內容。當你自我限縮時，通常很難想出厲害的點子。他的祕密是從各種平臺的內容，以及那些表現不一定良好的內容中搜尋點子（下文有詳細說明）。

### ↘ Reddit：發掘最優秀的內容

對構達而言，Reddit 是可以找到新點子最好的平臺之一。他覺得 Reddit 能擁有很多最優質的內容，是因為其演算法的比重比其他平臺少得多——內容被推到頂端，是因為使用者的互動和參與。這是因為 Reddit 是個使用者參與度很高的平臺，意思是使用者不只會看到內容出現在自己眼前，然後滑過去；他們是真的會點擊貼文，而這迫使他們去篩選並整合內容。Reddit 把受眾訓練得超級聰明、很會回應內容，因此，每當一則 GIF 動圖、影片或概念爬到動態牆的頂端時，就會遠比其他平臺的頂端更加有力。Reddit 是一個可發掘到最優秀內容的地方（無關創作者的威望和魅力）。

你通常可以搜尋一個針對某些大主題的 Reddit 子版（subreddit，子板指的是一個特定的線上社群，以及與之相關的貼文）。構達表示，在檢索時要做到非常精準是有難度的，因此他建議你訂閱這些子板，以便獲取與你的領域主題相關的推薦貼文。他也建議使用 Google 來搜尋你要的主題，然後在你欲搜索的關鍵詞後面，再加上 Reddit 一詞，因為 Google 的搜尋工具比Reddit 的更有效。接著，等你找到你需要的子板，就瀏覽一遍所

有貼文，找出那種會讓你說出「哇，這太酷了！」的內容，這是建立鉤引點和故事的基礎。

### ↘ Tubular Labs：追蹤數據

構達也建議可以去 Tubular Labs 上進行檢索，這是一個相當先進的工具，可以追蹤所有在 YouTube、Instagram 和臉書上的內容，而且能根據觀看次數、分享數與按讚數來進行分類和搜索，還能按照不同標準整理並輸出數據。這是一個好方法，能夠找到成效最佳的影片和內容創作者。構達把大部分的注意力都放在某段特定期間內的觀看次數，或是觀看後分享的次數比例。然而，他也提出警告，就是解讀數據的眼光要正確。有時候，付費媒體會讓一則貼文的成效竄升，而當一支影片其實只是個有效的廣告活動時，你可不想誤以為影片裡有著什麼厲害的點子。你要好好做功課，點進每則影片查看，並根據指標來判斷觀看次數是否為付費廣告的產物。

### ↘ YouTube：搜尋靈感

構達推薦的最後一項工具是 YouTube，能夠協助你發想出內容的點子與鉤引點。你在 YouTube 上搜尋的關鍵字，必須超越相同領域內多數人都在使用的字詞，如此一來，你就能有進一步的行動，去深挖並找到這種內容——雖然沒有大量觀看次數、製作品質可能也不佳，卻可以提供一些點子的小金礦。藉由這種縝密

的檢索，構達替自己成效最好的幾支影片找到了點子。

　　舉例來說，有一次，他找到一支影片，是關於一位年長的中國女性在摺衣服。她的手法非常嫻熟——那是一套有著三步驟的方法，可以在區區幾秒內就摺好一疊 T 恤。構達的團隊採用了這個概念，並將這個概念包裝得十分獨特，也承諾會運用良好的溝通模式，最終造就了超過 3 億次的觀看流量。

　　另一種方法是，重新利用 YouTube 上品質精良、但包裝方法並不正確的影片。例如，構達曾經找到一支製作精良的影片，內容是關於愚人節的笑話，但觀看數只有 4,000 次。他的團隊重新利用了這個點子，大幅降低製作品質，最後獲得 1.5 億的觀看次數。在這個情況裡，較低的製作品質對觀眾來說感覺比較真實，也更有效果。

　　在這個空間裡，並沒有單向度的事實。你需要搜索、測試，學會替每一則內容想出最好的鉤引點與訊息設計方式。你必須願意持續學習與成長，以找出分享訊息的最佳方式。

## | 要點提示與複習 |

- 選擇正確的鉤引點和包裝，對於促使人們去觀看、分享、點擊與購買你的內容、產品和服務來說，是非常重要的。

- 運用標題、迷因字卡和說明文字，替你的內容建立起清楚的期待。

- 影片開頭的前 3 秒是在賦予觀眾一個承諾，你要確保這個承諾很清楚且動人。

- 你渴望擁有大量受眾，但還有無數其他的事情會讓他們分心，因此，內容呈現的方式必須訴諸他們的需求，並提供價值給他們。

- 每當你創造出一則內容時，都要捫心自問：「這會對我的觀眾帶來什麼樣的效果？」

- 對於相同領域內的其他內容創作者進行一次競業分析，注意一下市面上有什麼產品，從他人的成功和失敗中學習。

- 你要確保觀看影片前 3 秒時會帶來滿足感，而且步調也恰到好處，呈現的方式不會讓觀眾需要很努力地思考，或是倒帶回去看。

- 有無限多的方法可以用來包裝內容，用 A ／ B 測試來嘗試錯誤，以找到對你的產品或品牌而言最可行的方法。
- 你必須建立起期待，讓大眾理解你將用何種方式溝通，並以此作為影片的開場，而迷因字卡是很重要的工具。
- 讓社群的數據分析帶領你、監督你的成功，並決定接下來要創作哪些內容。
- 用 Reddit、Tubular Labs 和 YouTube 來搜尋內容、鉤引點以及故事的點子。

# 第四章

# 當總統和救地球

## 精通說故事的藝術

HOOK POINT

　　不管是大學剛畢業的年輕人，還是成就非凡的百萬富翁，所有人在包裝自身價值主張的時候，都是相當辛苦的。每個人都不確定什麼才能讓自己顯得獨一無二，也不知道要怎麼想出扣人心弦又言簡意賅的故事，既可以吸引大眾關注，又可以在這個 3 秒鐘的世界裡，讓大家持續把注意力放在自己的東西上。在那些可以透過學習來掌握的技能當中，學會說故事、真正跟觀眾展開對話，並符合其溝通風格與需求，是最為重要的一項。當你試圖在會議中簽下新的生意、在社群頻道上創作出爆紅影片，或是寫文案來行銷你的品牌時，都需要知道如何快速又有效地說故事，並向大眾呈現出你或你的產品可提供的價值。

　　多年來，關於我的身分和我所做過的事，我打造了幾個故事，其中包含我合作過的客戶案例研究。在會議中，我會提出問題，以了解潛在客戶的痛點在哪裡；接著，根據他們的回答，我會策略性地按照他們的需求，選擇說不同版本的故事。

　　有一次，我跟一位名叫麥可・萊特（Michael Wright）的男士在開會，他當時擔任史蒂芬・史匹柏（Steven Spielberg）的電影製作公司安培林娛樂（Amblin Entertainment）的執行長。我的一位夥伴安排了這次會議，但無論是我還是萊特，都完全不知道這場會議的目的是什麼——我們只知道一件事，就是我們只有不到 25 分鐘的時間，因為萊特是個超級大忙人。

　　我們坐了下來，首先，我花了 7 到 8 分鐘向萊特詢問安培林娛樂的核心焦點是什麼。我詢問他，身為執行長的目標是什麼、

他認為通往成功的路上最關鍵的阻礙是什麼，以及為了克服這些挑戰，公司目前有哪些策略。我想要清楚理解他營運的方式、他最大的痛點，還有他認為哪些是有價值的事。

萊特告訴我，安培林娛樂投資了很多資金，想要啟動一項品牌的新專案。他們想要達到漫威那種等級的品牌知名度——因為即便大家都知道史蒂芬・史匹柏是誰，卻通常不知道安培林娛樂製作了《E.T. 外星人》(*E.T. the Extraterrestrial*)、《侏羅紀公園》，以及《搶救雷恩大兵》(*Saving Private Ryan*) 等電影。他們團隊投資了時間和金錢，想要發布一個網站，讓人們在上面觀賞安培林娛樂的內容並與其互動；然而，因為缺乏品牌知名度，萊特擔心網站上線之後，每個月只會有寥寥幾千次的訪問量。

透過提出正確的問題並仔細聆聽，我發現，對於萊特而言，將安培林的品牌知名度提升為與漫威同樣的等級，是個重要的目標；此外，這個網站是讓這件事成真的關鍵步驟之一。我當場就意識到，我有方案能夠解決他的問題，更重要的是，一個鉤引點和故事就能有效地溝通並傳達這套方案。我知道我可以幫忙大規模地吸引網站流量，以解決萊特的疑慮。鉤引點就是我們在一個月內，讓將近 700 萬人到雅虎網站上觀看凱蒂・庫瑞克的內容。接下來，我運用說故事的方式，仔細說明我們在雅虎與庫瑞克身上用了哪些策略，以至於能夠大規模地將流量從臉書導引到她在雅虎網站上的訪談內容。

關於如何克服這個問題，我在 20 分鐘內就提出非常明確的

想法，而萊特超級興奮地想要更進一步找到合作的方式。我們的
策略是在安培林的資料庫內找出強力的鉤引點，利用最能傳達
出鉤引點的幾個特定影像片段與訪談內容，並對這些內容進行 A
／ B 測試，以便找出能夠成功將流量大舉導引到他們網站上的
內容組合及版本。

　　最後，我們並未真的將這個案子付諸執行，因為我們遇到很
多政治上的問題，牽涉到不同派系的人馬，萊特也離開了安培林
娛樂，成為 Epix 電視網的總裁。但無論如何，我利用最初的鉤引
點和故事來借力使力，這一點是成功的。這個做法抓住了萊特的
注意力，讓我們建立起關係，也讓他很興奮地打算跟我們合作。

　　有些會議可以進行得很順利，並帶來更多生意；而有的則
不然。我希望你從中學到的是，即便事前不知道會議的主題是什
麼，但還是能找到痛點、當場制定策略，並包裝成一個引人入勝
的故事，以證明自己的價值。

## 要柔軟：一堂瑜伽老師不會教你的課（但很重要）

　　準備會議的方法是，先想出一個故事，並符合一開始讓你獲
得見面機會的那個鉤引點；然而，一旦到了會議現場，你必須保
持柔軟度和彈性。或者，就像我跟安培林娛樂的案例，如果你不
知道當初促成這場會議的鉤引點是什麼，那就以「專注聆聽」為

目的，再進到會議室裡，這可以避免犯下人們會犯的最大錯誤，就是先入為主的提案話術。無論桌子對面坐的人是誰，這種提案方式會讓你永遠只有同一套說法，而這並非有效的策略；與其如此，退一步是比較聰明的做法，考量你要談話的對象，並傾聽他們有什麼話要說。

　　花點時間去閱讀肢體語言，思索一下會議室裡的氛圍。他們是如何回應你的問題？你要了解他們是誰，然後慢慢進入對話狀態。你必須徹底理解他們與他們的需求，這能讓你決定該怎麼包裝你的資訊。並非每個故事都可以引起所有人的共鳴，有時候你需要說一個不一樣的故事（或是用稍微不同的方法說舊的故事）才會有效。

## 我是超級英雄，不是喜劇演員：如何發揮所長

　　在說故事的時候，發揮自身所長是很重要的。舉例來說，我不是喜劇演員，我通常不會講笑話或是有趣的故事；我屬於分析型，是比較嚴肅的人，我的故事是根據事實來建構的。但是，如果你是高調又很會講趣味故事的人，那麼只要這些東西不會讓受眾的注意力被分散到其他事物上，而你也不會因此失去信任感和信用，那麼幽默是可以提高價值的。善用你真正擅長的東西讓大眾關注到你、想要與你共事。

## 注意時間：創下世界上最短會議的紀錄

　　要注意自己確實做到口齒清晰、說明清楚、簡短扼要，這很重要。我在會議中說的故事，長度通常都是介於 2 到 6 分鐘之間；我的故事長度不會超過這個時間，否則會拖太長。你也會想要預留一些時間以取得回饋，讓對方有時間提問，並且看看在場眾人的反應如何。你不會希望在做完 30 分鐘的簡報後，才發現你故事的定位對於桌子對面的人而言並沒有任何價值。再者，那些極為重要的會議通常都很短，因為重要人物的空閒時間通常都很有限。

　　在為社群媒體創作內容時，你沒有這種即時的回饋迴圈，也沒辦法一邊溝通一邊調整；但你可以觀測、注意每則內容的長度、形式以及結構，然後在製作下一支影片時，把這些放在心上。記得要看數據分析，以此作為指導方針。此外，你也可以了解一下每個平臺上的消費者行為模式。比方說，臉書與 Instagram 的受眾以消費較短篇的內容為主；而 YouTube 則可以引發大眾消費長篇內容，有些觀眾會觀看時長一小時甚至更久的影片。你需要測試不同的平臺和不同形式的內容，以便找出什麼東西最能引發受眾的共鳴。

＊　　＊　　＊

## 公開演講的說故事技巧

　　每當睡眠醫生麥可‧布勞斯得到一次公開演講和互動的機會，就會立刻去找活動的宣傳人員聊聊，以了解他的聽眾是由哪些人所組成。他想知道男女比例、聽眾的職業、聽眾的資產淨值是多少，以及他們住在哪裡。理解這些資料至關重要，因為這能讓布勞斯調整他的簡報，以符合聽眾的需求。我也使用同樣的戰術，而且我發現這對我的演講事業來說很有成效。

　　如果布勞斯演講的對象有 90% 是男性、10% 是女性，他就會確保簡報裡有三份男性的個案研究。即使男性能夠認同女性案例裡的多種面向，但是，選擇更貼近聽眾身分特質、可以直接與他們溝通的投影片會更好。

　　布勞斯一進到演說場地，往往會先播映某個人物的個人檔案，並朗讀給觀眾聽，接著他會問：「有多少人覺得這個人跟自己很像？如果有的話，請舉手。」通常有一半的人會立刻舉手，然後他會問：「好，剛剛沒舉手的人，會不會有三個人現在把手舉起來呢？」等到再有三個人舉手之後，他就會問：「所以，這份檔案裡有哪些地方跟你不一樣？」他會仔細聆聽，而且常常可以從簡報裡再找出另一份符合聽眾需求的個案研究。他會說：「哦，太棒了，因為稍後我會談到一個正好像你這樣的人，所以請繼續聽下去吧。」這會讓那些聽眾知道，他們也會被包含在這場對話裡頭。這種做法能讓他更加理解聽眾，也能讓他即將要溝通的內容更貼近他們。

如果受眾感覺不到你是在跟他們對話，就不會再繼續聽你要說什麼，這也就是為什麼布勞斯要為現場的人特別量身訂製簡報的訊息。了解聽眾的個人檔案，能讓他在簡報時提高聽眾的參與度，因為他已經按照聽眾的需求，將每個部分都客製化了。

最近，我在一場以 7,000 位以上的牙醫為對象所進行的主題演講中，體驗到調整訊息以符合聽眾需求的做法的力量。我從沒有對牙醫進行過該主題的演講，所以我盡可能做了功課，並實地查核屆時現場究竟會有哪些人。我在一拿到資訊後，就重新規劃整場演講，尤其針對聽眾的需求，處理他們的痛點、挑戰以及目標。

布勞斯還有另一個用來保持聽眾參與的小技巧，就是跟場地裡的每個人進行眼神交流。在演講的某個時間點，他會看著每個人，即便只是半秒的時間也好，因為他想要讓每個人都覺得自己被看見。這會讓聽眾真正專注在現場的活動中，也能讓大家更放心地分享自己在睡眠方面的問題。

布勞斯使用的最後一個說故事技巧，會讓他在演講時將聽眾的參與度盡可能拉到最高，那就是用最好的鉤引點來提問相關問題，作為問答環節的開場。舉例來說，他會用這樣的句子作為該環節的開場：「我最常被問到的問題之一是：『嘿，布勞斯醫生，對睡眠來說最好的床墊是哪一種？』，或者是『嘿，布勞斯醫生，睡前什麼時候最適合作愛？』」這些鉤引點的主題很有趣又帶有吸引力，會促使觀眾想要進一步了解。

確認你的聽眾是誰，如此一來，你就可以做到最符合他們的

需求；如果你真的了解他們，就會為他們帶來更多幫助，也會獲
得更高的參與度。

$$* \quad * \quad *$$

## 流程溝通模式

流程溝通模式（Process Communication Model, PCM）是
一套行為觀察的工具，可以讓你更有效地溝通；美國航太總署
（NASA）、美國前總統柯林頓（Bill Clinton）以及皮克斯（Pixar）
都使用過這套工具，以達成商業與溝通上的目標。傑夫‧金恩
（Jeff King）是流程溝通模式的專家，他提供了一段簡短的概
述，以說明使用這套模式來觸及並吸引受眾的最佳方法。

金恩解釋道，說故事時，一定要想著你的受眾。如果你不這
麼做，反而單純著重於用自己看待世界的方式來說故事，那你就
誤入歧途了。不幸的是，大部分的人都是這麼做的——他們會無
意識地傾向運用他們自己在用的詞彙及「溝通貨幣」，而且只用
這種風格去說故事。

在流程溝通模式裡，有六種語彙，分別與模型裡的六種人
格類型有關聯。這六種人格分別是思考型（Thinker）、堅持型
（Persister）、調和型（Harmonizer）、想像型（Imaginer）、叛
逆型（Rebel），以及促動型（Promoter）。每種人格類型體驗
世界的方式各有不同。**思考型**透過想法來感知世界，邏輯是他們

的溝通貨幣；**堅持型**透過意見來感知世界，價值是他們的溝通貨幣；**調和型**用情緒來感知世界，仁心是他們的溝通貨幣；**想像型**是透過不作為來感知這個世界，想像力就是他們的溝通貨幣；**叛逆型**透過回應來感知世界，幽默是他們的溝通貨幣；**促動型**則是用行動來感知這個世界，而他們的溝通貨幣是魅力。我們每個人身上都有這些人格類型，但我們有一個與生俱來的基礎人格類型，而且一輩子都不會變。這個基礎人格會決定我們與他人溝通的方式、我們偏好別人用哪種方式跟自己溝通，以及我們感知世界、與世界互動的方式。

　　比方說，如果你是思考型的人，那你偏好的語彙就是邏輯，你故事中的訊息就會有 70 ～ 80％是由邏輯相關的詞彙所構成。不幸的是，如果思考型人格用這種方式來組織故事，就會錯失其他 75％非思考型人格的人口。另一方面，能夠有效說故事的人，則是會並用邏輯、價值、幽默、想像、行動和情緒的詞彙；他們會在訊息內參雜六種不同的人格類型，才能吸引到 100％的受眾。皮克斯動畫工作室裡有些員工接受過流程溝通模式的訓練，而且可以成功運用這套模型。你在觀賞皮克斯電影說故事的過程中，會看到六種溝通模型全部的語彙（一般來說是透過符合每種人格類型的角色作為代表），而這一點，正是皮克斯電影能夠如此成功的原因之一。

## 廣告中的流程溝通模式文案

讓我們試著替汽車廣告寫文案。金恩說明了他如何使用流程溝通模式來建構內容，以求務必傳達出最清楚的汽車訊息，並將訊息包裝成對每一種人格而言皆具意義。金恩建議的書寫內容如下：

想像有一部車。這部車只要 1 加侖汽油就可以跑 50 英里。與同級車型相較之下，這部車的耗油率是最低的。我們相信這部車可以為關心自己荷包的顧客帶來更高的價值。說到底，這是市場中最出色的車。這部車給人的質感很好、外型也亮眼，開著這部車你會感到非常舒適自在。你的朋友們一定也會想要跟你一起出門，因為這部車棒透了。

現在，讓我們細分哪一句話是針對哪一種人格類型的人所說的：

- 這些話用的是**邏輯**，說給思考型聽：「這部車只要 1 加侖汽油就可以跑 50 英里。與同級車型相較之下，這部車的耗油率是最低的。」
- 這些話用的是**價值**，說給堅持型聽：「我們相信這部車可以為關心自己荷包的顧客帶來更高的價值。」

- 這些話用的是**魅力**，說給促動型聽：「說到底，這是市場中最出色的車。」
- 這些話用的是**感覺／仁心**，說給調和型聽：「這部車給人的質感很好、外型也亮眼，開著這部車你會感到非常舒適自在。」
- 這些話用的是**幽默**，說給叛逆型聽：「你的朋友們一定也會想要跟你一起出門，因為這部車棒透了。」

　　這則廣告可以跟絕大部分的人對話，但大多數廣告卻沒這麼做——有很多廣告都是按照製作人的溝通風格所設計，因此疏遠了很大一部分用不同方式感知世界的人口。意思就是，假如是一位女性（堅持型）在製作這則汽車廣告，而她是用意見的方式來感知這個世界，那麼她很可能會專注於價值的溝通貨幣，因此就會失去那些用邏輯、行動、回應和情緒來感知這個世界的人的注意力。

## 會議與面試的流程溝通模式

　　傑夫·金恩是繆思學院（MUSE School）的主任，也是繆思全球（MUSE Global）的執行長，學院的學生年齡從幼兒到高中都有，而在這裡任教的每位教師都受過全面性的流程溝通模式訓練。如此一來，無論學生偏好哪一種溝通模式，繆思的老師都可

以做評估，並與學生們建立連結，進而激勵每一位學生。

　　到了高中，所有學生也會接受全面性的流程溝通模式訓練。參訪過他們校園的人常常會驚訝於這裡的學生有多麼善於溝通，從 2 歲到 18 歲都是。等到學生需要進行大學入學或求職的面試時，他們便能理解該如何有效地依據每個人感知世界的方法，激勵他們的對談者。

　　金恩認為很多教育機構都沒有替年輕人做好準備，讓他們足以面對工作環境。這些機構的焦點通常會放在背誦並重複照搬同樣的資訊，但學生不會明白要如何與人溝通、管理壓力，或是在衝突中進行協商，而這正是流程溝通模式所要教給他們的。

　　假如一個應徵者不知道流程溝通模式，就可能會降低面試官參與對話的意願。比方說，假設有位面試官問了一個以邏輯為依據的問題，像是：「你在蘋果（Apple）待了幾年？」但如果面試者較偏好用情緒的語言來溝通，可能就會提供一個情緒面的回答，像是：「我在那裡待了幾年，我覺得很棒，蘋果真的是一個很美好的地方。」然而，如果面試者受過流程溝通模式的訓練，而面試官同樣以這個用邏輯為依據的問題來開場，面試者就會以邏輯為根據來回答：「我待了 4 年 3 個月。」受過流程溝通模式訓練的人，比較可能持續使用與提問者同樣的溝通語彙，如此一來，面試官就會一直處於高度參與的狀態，並且跟應徵者有所連結。

　　面試和會議上的成功，是來自於理解桌子另一頭的人是用什

麼方法來感知世界。你會希望自己可以符合他們的需求；重點不是一進去就跟桌子對面的人不假思索地聊個不停，而是要依據他們的層次來溝通，這樣你們才會在同一個頻率上。

## 比爾‧柯林頓如何利用流程溝通模式當上總統

關於如何運用流程溝通模式來擴張事業，比爾‧柯林頓是個很好的例子。他經常使用這套工具來評估他人並與之交流，而且他在演講的過程中，也會持續使用模式中的全部六種人格類型。柯林頓在參選總統時，能夠讓 100％的民眾都富有參與感，並全神貫注聽他說話——當你是一位公開演說者的時候，這就是你想要的效果。

1996 年總統大選期間，一個關鍵的轉折點是柯林頓在一場辯論中贏了老布希（George Bush）。金恩解釋道，有一位女士在辯論中問了一個問題，詢問兩黨分別會如何處理經濟危機，以及這個事件對眾人的生活會產生什麼影響。她一開始提到，她覺得經濟衰退對於她的生活、她的朋友和家人的生活都產生了負面的衝擊。老布希是用想法、邏輯、價值以及意見來回答這個問題，但這位女士感知世界的方法是透過感受與情緒，因此，老布希的回答沒有辦法與她產生連結。

相反地，比爾‧柯林頓馬上就抓到她的溝通風格，他回應了她的人格類型，並分享他可以感受到她的痛苦，也說了自己對於

經濟衰退有什麼感覺，以及他自己的生活又因此受到什麼影響。他跟這位女士建立了奠基在感覺之上的深度連結，因為他明白**她是個以感覺為基礎的人**（跟 30％的北美人口一樣），這些字詞使他立刻贏得這群人的信任，也讓這位女士（還有像她一樣的人）覺得被理解、被聽見。

反觀希拉蕊‧柯林頓卻沒有跟上先生的腳步，她在選舉中輸給川普的原因之一，就是她只會使用兩種風格的詞彙：邏輯和價值。金恩認為，希拉蕊可能是有史以來美國總統候選人當中最有資格擔任總統的，但因為她只會使用邏輯和價值來溝通，也就無法打動很大一部分的北美人民。

流程溝通模式提到，當大家處在相當正面的生活狀態時，就有能力使用全部六種語彙，也可以欣賞六種人格類型的多樣性；但是，當我們處在負面的生活狀態時，就是流程溝通模式所謂的**困頓狀態**。當我們身處困頓狀態時，行為表現就會對身邊的人造成負面影響，導致我們不會關心他人的福祉，也不會在乎要跟他們產生連結，或是為他們帶來正面的激勵。

當川普身在困頓狀態時，通常會用他促動型的人格來溝通，而身在困頓中的促動型人格，會願意說出任何話，只要能夠安撫觀眾就行。促動型在困頓狀態下會產生的行為，是操縱他人、讓他們彼此爭論。金恩指出，川普曾說過：「我要把我的稅金挪為他用。」或是「我要找勞勃‧穆勒（Robert Mueller）來談談。」金恩認為川普從未有意要認真執行這兩件事——他之所以這麼

說，是因為他知道那是聽眾想要聽到的話。

　　促動型人格也很善於操縱他人，造成兩方對立。過去的幾年間，甚至是當年川普還在競選總統時，他也讓派系之間激戰不休，如此一來，他就可以退一步，然後說：「嗯，他們處得不好，我得介入來拯救大家。」

　　當促動型的人不處於困頓狀態時，就跟其他人格類型一樣，是可以有正面行動的。每個人格類型都有正面與負面（困頓）的面向，流程溝通模式教導的是，個人要怎麼讓自己保持在正面的生活狀態下，並協助他人從困頓的狀態中走出來，朝著較為正面的狀況前進。

## 你想救地球嗎？

　　很不幸地，金恩發現環保人士通常是地球上最不擅溝通的人。事實上，大部分試圖利用說故事帶來改變的人都會遇到一個常見的問題：雖然他們對於自身信念都懷抱滿滿的熱誠，但這通常會讓他們偏離正軌。你幾乎很難看到有哪位環保人士可以挺身而出，像比爾‧柯林頓那樣同時跟六種人格類型對話；相反地，他們通常會傾向用價值或邏輯來談話，而這只能打中很少數的人。他們無法讓大部分的民眾想要參與，因此，也就不會讓一個國家中大部分的人民想參與。金恩認為，無法有效溝通，使得環境議題解決的速度減緩。

有個溝通無效的例子，就是當環保人士說：「你知道嗎？我們該停止吃魚了。因為海洋裡快要沒有魚了，而且魚的體內都是塑膠。如果你還在吃魚，你這個人肯定是哪裡有問題，因為你不在乎海洋，也不在乎我們的環境。」

說實在的，這段話誰聽得進去？從事實的角度來看，這名環保人士說的可能百分之百正確；但是，當講者貶低並攻擊受眾時，聽者就會興趣盡失，對講者的信任也會流失。**應該、應當、必須**這類的詞，或是「如果你不去做我要求你做的事，你一定是哪裡有問題」，這些說法沒有辦法激勵大眾做出任何改變。

反之，環保人士（或任何相關的人）可以藉由分享一種包含全部六項溝通貨幣的說法，進而從中獲益。另一套較好的說詞會是這樣的：

我們非常熱愛海洋和魚群。數據顯示，到了 2030 年，魚將被我們消耗殆盡。我們堅定地認為必須找到魚肉的替代品，因為我們希望海洋能夠世世代代美好傳承。想像一下海裡魚群豐沛、水質潔淨的未來吧。請加入我們，讓我們此刻就能有所行動。

這段話裡的每一個句子，都可以直接跟流程溝通模式中的六種人格之一進行溝通。

## 電影的流程溝通模式

北美人口中，只有 5％是屬於促動型人格（用行動來感知世界，魅力則是他們的溝通貨幣）。他們很獨特，因為他們能夠承擔很大的風險，且魅力滿分。促動型人格很迷人的一點是，他們可以激勵其餘的 95％人口，這是因為不屬於促動型人格的人，無法如此自在地承擔同樣的風險。金恩表示，很多成功的電影預告片和電影主角都屬於促動型，這能誘使觀眾出現在戲院售票口。當觀眾看到鋼鐵人、詹姆士・龐德，甚至是《神鬼交鋒》（*Catch Me If You Can*）中李奧納多・狄卡皮歐（Leonardo DiCaprio）飾演的騙子法蘭克・艾巴內爾，就會在某方面被感動，然後想著：「我真想成為那個角色。」出於同樣的原因，你也會發現促動型人格者會成為主要的領導人物，例如史蒂夫・賈伯斯（Steve Jobs）、比爾・柯林頓，以及唐納・川普。

## 電視廣告的流程溝通模式

雖然在電影預告片裡，讓促動型人格的角色擔任故事主角會比較成功，但是，遇到電視廣告時，廣告商思考的範圍需要更廣一些。金恩說明道，對廣告商來說，在廣告裡玩數字遊戲是較有利的做法，也就是用 30％的訊息來主打情緒、25％主打邏輯、20％主打幽默，或者再用 10％左右主打價值。基本上，需要同時使用多種流程溝通模式的語言，才能抓住大量的受眾。

一美元刮鬍刀俱樂部製作了一支影片，叫做〈一美元刮鬍刀俱樂部 .com——我們的刀片他＊的超讚〉（*DollarShaveClub.com—Our Blades Are F***ing Great*）。這支影片非常有效地傳播了流程溝通模式語言。2012 年，這支影片發布後很快就爆紅了，觀看數超過 2,700 萬次，並協助公司成功出發，最終讓聯合利華（Unilever）以超過 10 億美元的價格收購了這家公司。[49]金恩認為這支影片說故事的方法之所以有效，是因為在傳遞訊息時使用了邏輯、情緒與幽默，這些溝通貨幣能夠觸及最大比例的受眾，進而幫助他們大獲全勝，一舉抓住受眾的注意力。

## 社群內容的流程溝通模式

在線上發布內容時，你說的故事應該要打中用不同方式感知世界的大眾。情緒、邏輯和幽默依然是北美常用語彙的前三名，因此，如果這些是你的主要受眾，那就試著設計出包含這些元素的影片、文章和貼文。

不幸的是，大部分的內容設計師都把自己感知世界的方式看得太重了，以至於疏遠了大多數的人口族群。最後，在他們自己甚至沒有意識到的狀況下，當他們應該要與受眾溝通時，其實卻只是在跟自己溝通。就算你偏好使用的語彙是邏輯，也不能只用這套語彙來說故事，要記得溝通中的主角從來就不是你，而是跟你談話的對象。

# 從前從前，有一個世界有著英雄和惡龍……

在一個沒人在聽的地方講故事是不會有成效的。為了避免這種情況，分享力公司的艾瑞克·布朗斯坦的團隊在設計故事時，做的第一件事是去探索什麼東西會讓大眾開始在乎他們的品牌。任職於橋梁公司、榮獲艾美獎的導演兼製作人邁克爾·約爾科瓦奇也是這麼做的，他說，如果你沒有找到跟消費者建立情感連結的方法，那你就是在浪費時間。

布朗斯坦表示，如果你有一條製作運動鞋的產品線，那麼光是說個故事，告訴人們你的鞋子有很好的支撐力，這是不夠的。支撐力良好的運動鞋在市場上數以萬計，這也就是為什麼 Nike 會冒險一搏。他們利用會贏得艾美獎的廣告來讓大眾關注他們，像是科林·卡佩尼克（Colin Kaepernick）主演的廣告〈瘋狂作夢〉（*Dream Crazy*）；卡佩尼克曾經是國家美式足球聯盟（NFL）的四分衛，他在奏國歌時，對於警察暴力和種族不平等所進行的抗議，造成很大的爭議。Nike 找他作為廣告主角的時候，算是走了一步險棋，但這支廣告傳遞了 Nike 的價值，並引發群眾的討論。廣告釋出後，Nike 的股票應聲漲到空前高價，帶來了巨大的收益。[50]

文案寫手恩尼斯·路賓納奇補充了一個小技巧，可以讓故事更容易被分享出去：「有個假說是，關於面向顧客的提案，基本上，每個品牌故事都能被架構得像是童話故事一樣。」路賓納奇

繼續解釋道，舉例來說，我們都很熟悉那些已流傳好幾世紀的童話故事，遵循三段式結構：「從前從前，一切都很美好，直到一隻惡龍現身；接著，有個英雄出現了，殺了惡龍；最終，在後記裡，所有人都在新世界裡過著幸福快樂的日子。」

　　路賓納奇建議，將品牌故事建構得像是童話故事一樣，會更容易被分享出去。假設他要替汽車品牌 BMW 製作一則童話故事，可能會是這樣的：

　　從前從前，每個人都嚮往可以開一部很棒的美國國產車，是吧？你懂的。你夢想著擁有一部凱迪拉克（Cadillac），接著，有一隻惡龍出現了，牠的名字叫做「選擇太多」，包括平價的日本車、昂貴的日本車、超貴的歐洲車，以及太多太多種類的美國國產車。突然間，這些車似乎沒有任何一部令人感到滿意；接下來，有一名騎士出現了，他的名字叫做 BMW ——終極駕駛機器。最後，所有開這輛車的人都過著幸福快樂的日子。

　　基本上，如果你的產品可以解決顧客的「惡龍」，再加上你是用易於分享的方式來訴說故事，那就可能會有更多人注意到你所要說的話。

## 你知道你多麼希望成功有個簡單的公式嗎？

當路賓納奇在找尋可以作為鉤引點的概念，或是思考品牌、產品或服務的文案時，他最愛的句子是：「你知道……嗎？」基本上，你可以用「你知道……嗎？」作為分享點子的開頭，看看聽眾同不同意。舉例來說，路賓納奇在重新定位可口可樂旗下的瓶裝水品牌 Dasani 的時候，他知道其他公司的瓶裝水賣點主要聚焦在水很健康，而且使用了良好的水源。然而，路賓納奇憑直覺就知道，人們在喝自己喜歡的飲料時，與其說是因為飲料有多健康或來自哪裡而想要購買，不如說是因為他們喜不喜歡這個口味。除此之外，雖然很多人都不認為水有味道，但路賓納奇知道事實並非如此。大部分的人都可以分辨出自來水和瓶裝水的味道，而且每瓶水的味道都不一樣。

因此，他利用了這些見解與事實，並使用「你知道……嗎？」的邏輯，以確認人們是否同意他的理論。他的想法架構如下：

你知道市面上有多達 75,000 種瓶裝水品牌嗎？你知道我們每天應該要喝 8 杯水嗎？「是的，我的確知道。我常常聽到這個說法，人們總是這樣告訴我。我辦公室裡就有一臺超大型飲水機。水、水、水、水。」那麼，你知道你分辨不出哪種比較好嗎？「是的。」好吧，那你知道到頭來，不管你喝什麼或吃什

麼，這些都需要對你有吸引力嗎？一定要是好吃或好喝的，不然跟吃藥沒什麼兩樣，對吧？「是的，我知道。」好，那你應該要試試 Dasani 的水。「這有什麼特別的嗎？」Dasani 的水，會讓你流口水。

藉由這項練習，路賓納奇得以快速判斷他的廣告點子的實際效果。

下次當你在構思鉤引點、故事或新的商業企劃時，使用「你知道……嗎？」的結構與他人分享你的概念，看看有沒有辦法通過這個測驗。假如大部分的人都無法跟你的訊息產生共鳴，你就知道你的方向有誤；但如果大家對你所說的內容頻頻點頭稱是，那你離下一個鉤引點就更近了。

## 這是你想要的那種關注嗎？

當你在行銷任何產品或服務時，你的職責是讓大眾有所關注。然而，有一點很重要，就是要謹慎確認你究竟激發了何種關注。關注的目光不一定總能帶來成功，尤其是當你的訊息並沒有跟產品要旨完全吻合時。

比方說，為了替電影「七夜怪談」系列第三集《七夜怪譚》（Rings）進行數位行銷活動，派拉蒙影業團隊發想出一個鉤引點，使得宣傳影片爆紅。這支數位團隊在許多電子用品商場拍攝

了顧客被《七夜怪譚》主角嚇到的反應：影片中可以看到顧客正在選購電視，當電影裡那個詭異的女孩從商場電視中爬出，並朝著他們走過來時，他們嚇得尖叫。（你可於此看到影片中顧客的反應，〈《七夜怪譚》2017 年版──電器行惡作劇〉：www.brendanjkane.com/rings。）

這支影片的觀看數大約是 1,500 萬次，然而，即便這段宣傳內容爆紅了，電影本身卻沒有。這支宣傳影片引人發笑，同時也是鉤引點的一部分，但《七夜怪譚》是恐怖片，因此，一個引人發笑的故事，並不符合觀眾對於電影本身主題所產生的反應。若要吸引到正確的受眾，一支會激發恐懼而非笑聲的影片，或許會更有效。

如果鉤引點的方向不正確，那麼即便創作出一些能夠勾住大眾的東西，也無濟於事。你要確認你的故事所獲取的關注，跟產品整體的訊息或主題是一致的。如果你做不到這一點，依然可能會成功引發許多討論，但也可能始終沒有觸及正確的那群人，也就是渴望你所提供的產品的人。

## 你的品牌並非故事的主角

分享力公司的艾瑞克・布朗斯坦說道，當你在說故事時，品牌不該被定位成故事的主角。舉例來說，分享力公司替 Adobe 製作過幾支影片，他們說的故事跟一些敏感議題有關；其中有

支影片叫做〈學生幫助哈維颶風受災戶修復失去的回憶｜ Adobe Creative Cloud〉，呈現了學生們協助修復在颶風中被毀掉的家庭照片。假如這些影片中的故事不真實或是有被刻意利用的感覺，大眾很快就會發現。為了避免這種情況，Adobe 需要把自家品牌放在背景裡。故事的主角是受災戶、學生，以及幫助他們的當地非營利組織；Adobe 並沒有試著搶走別人的風采，而是寧願作為一個劇場或舞臺的角色，讓聚光燈打在這些議題與主角身上。品牌愈是退到主角的身後，就愈能夠在受眾之間建立起信任與信用。

紅牛（Red Bull）也利用了類似的行銷戰術。他們的網站與社群媒體一律以運動選手為主角，各類運動皆有。無論是攀岩、籃球或是板球的明星，紅牛替他們打造了一個舞臺，用來呈現這些具有非凡成就的人及其故事；紅牛不會談論自家的運動飲料，而是讓運動員成為故事的主角。

事實上，紅牛在 2012 年投資超過 6,000 萬美元，用來舉辦、拍攝並宣傳自家的平流層計畫（Stratos），計畫的亮點是超音速跳傘運動家菲利克斯・保加拿（Felix Baumgartner），他從一個位在平流層、距離地球表面超過 38.6 公里的氦氣球之上一躍而下，[51] 他的時速高達 1,167 公里左右，打破了三項世界紀錄，包括以 1.24 馬赫的紀錄超越了音速限制。[52] 紅牛安排了整場活動，在自家的影像製作公司紅牛媒體（Red Bull Media House）及其電視頻道 ServusTV，向各個不同的媒體端點播送

內容。除此之外，YouTube 的直播「記錄了在這項挑戰真正開始之前，網站就已經有 3.4 億的訪問次數。」當時，這場活動讓 YouTube 創下新紀錄，同時有 800 萬名觀眾在觀看。[53]《衛報》（*The Guardian*）的歐文・吉勃遜（Owen Gibson）報導說，許多大品牌「數年來不斷聲稱自己要成為內容製造者，而不只是付費給媒體和版權商去製作廣告，或是在衣服與看板上印製商標，但是，沒有哪個品牌像紅牛一樣如此認真看待此事。」[54] 紅牛投資在這場活動的時間和金錢，證明他們很重視讓運動員成為故事主角所帶來的影響力——更不用說「外太空跳傘」可是一個厲害到瘋掉的鉤引點。

　　布朗斯坦表示，即便是製作企業對企業（B2B）的影片，他們也不會把他們所服務的目標公司放在聚光燈之下。舉例來說，分享力公司替 Adobe Experience Cloud 製作過一支 B2B 的影片。在他們替 Adobe 製作的內容中，Adobe 的客戶之一，聖裘德兒童研究醫院（St. Jude Children's Research Hospital）述說了一個故事，關於醫院如何使用 Adobe 的科技，讓工作變得更有效率。故事的主角是聖裘德及其客戶，而就像紅牛的案例一樣，Adobe 扮演的是舞臺的角色。

　　還有另一家公司也懂得讓自家品牌在行銷內容中只作為背景，那就是 Nike。例如，之前提過的那則以四分衛科林・卡佩尼克為主角的宣傳內容，當他們在製作這則影片時，內容絲毫沒有圍繞著 Nike 打轉——卡佩尼克及其激進主義才是故事的主

角。大眾普遍認為像這樣選邊站會傷害到公司；但相反地，就像之前所說的，這支影片讓 Nike 的股價一飛沖天。

另一個傑出的例子，則顯示出 Nike 真的很會說故事，就是影片〈更瘋狂地作夢〉（*Dream Crazier*）。影片裡穿插了在不同運動領域場景中，女性運動員或教練大吼或大哭的畫面，這說明人們通常會將女性的情緒或坦率表達，視為一種「瘋狂」的表現。接著，影片出現女性首次打拳擊的畫面，或是首度成為體育賽事教練的時刻，並說明這些女性剛開始也被認為是瘋了。影片所要傳達的訊息是，當一名看似發瘋的女性有所行動時，就會變得很強大，而且足以駁斥關於女性行為舉止的刻板迷思。Nike鼓勵女性「勇於發瘋」，如此一來，她們就可以展示給大眾看，瘋狂將會帶來什麼樣的成就。

這支影片也一樣，並沒有以 Nike 為核心，只是單純敘述一個扣人心弦的故事，關於女性的強韌與力量。Nike 唯一的曝光，是許多運動員身上所穿著的服飾。影片的最後可以看到 Nike 的商標，也能看出他們是搭設這座舞臺的人。

布朗斯坦提醒我們，說故事最重要的並非是理性——而是感性，這也是讓大眾愛上你的品牌是個好主意的原因之一。若要做到這件事，他建議應該要從實際的戀愛關係中獲取一些線索，比方說，戀愛關係並不是建立在彼此玩弄、或是持續要求對方替你做些什麼之上。對於品牌及其受眾而言，若要贏得注意力，並取得權利去詢問受眾能否買單，最好的方法就是給予他們價值。藉

由選擇聚焦於跟受眾建立戀愛關係，會讓你說出更好的故事，觸動更多人的心。

除此之外，比起你的品牌，人們更在乎自己。如果你的品牌就位於聚光燈之下，人們是不會理你的；反之，要專注於你可以激發受眾產生哪些反應，並提供價值給他們。

## 品牌會出錯的地方

布朗斯坦指出，用來量測內容的指標跟能否講出一個好的品牌故事，這兩者並不一致。投資報酬率並不一定能適用於建立品牌；廣告費的投資報酬率，也不一定會跟建立品牌的內容所帶來的價值有關。當你製作的內容是聚焦在說故事、建立品牌以及引發互動時，你不一定要試著讓人們點擊、購買你的產品或服務。互動與對話的宣傳內容可以放在一起，但不一定是同一個，也不一定是一模一樣的。布朗斯坦看過很多品牌試圖用一則內容達成兩種不同的成果，但這可能既沒效果又沒效率，還會被認為是不真誠的。把兩個目標混在一起，會讓受眾認為看見的內容是廣告，而不是有價值的內容。

一則內容或訊息的目的，在於說故事並建立品牌，或是單純銷售產品，理解兩者之間的差異是很重要的。在分享力公司，布朗斯坦的團隊會使用一套「全漏斗活化」策略。首先，他們會使用能像病毒般被傳播出去、易於分享的大型內容；接下來，他

們會設計能夠帶來額外互動的內容，但此時還不需發送出要求受眾採取行動的強力呼籲；最後，針對那些跟上兩則內容互動過的人，再次推送內容給他們，請他們做出與客戶目標相關的行動（像是點擊、下載或購買）。

2016 年，美國的克瑞奇無線服務公司（The Cricket Wireless）有一則以約翰‧希南（John Cena）為主角的影片，叫做〈出乎意料的約翰‧希南亂入〉，內容是網路迷因在日常生活中真實上演：當希南的粉絲們以為自己正在進行克瑞奇公司的廣告演員徵選時，希南給了他們一個驚喜。當粉絲假裝在介紹約翰‧希南時，他本人真的弄破一張自己的海報，從裡頭走了出來，粉絲當下的反應可說是無價之寶──你可於此觀看這支影片：www.brendanjkane.com/cena。分享力公司將這則影片發布在臉書與 YouTube 上，整體獲得了 2.35 億次的觀看數！接著，他們製作了第二支後續影片〈約翰‧希南的反應〉，而這其實是分享力公司所發布的一套大型行銷活動中的一部分，叫做「約翰‧希南愛網路」。

〈約翰‧希南的反應〉翻轉了第一支影片的劇本，也就是〈出乎意料的約翰‧希南亂入〉的倒轉版本。在第二支影片當中，這次不是希南給粉絲驚喜，而是粉絲給他驚喜。影片中，他正在拆閱粉絲的感謝信，謝謝他「永不放棄」的座右銘幫助了他們從受傷與悲痛的情況中走出來。接著，隨著影片的進行，希南看著一名年輕男孩感謝他幫助母親抗癌的影片，看著看著，希南

的情緒也上來了。在影片結束之後,那個兒子現身於現場給了希南一個驚喜——他從第一支影片出現過的那張海報背後,跟母親一起現身,親自向希南表達感謝。希南當時已經感動到極點,而我們看到的,則是活動的所有參與者彼此表達感恩的美好交流。

這些宣傳內容之所以如此成功,其中一個原因是它們沒有要求任何東西——唯一目的就是提供價值給受眾。第一支影片是要逗他們笑,第二支影片是要打動他們的心。第二支影片後來成為 2017 年分享次數最高的一支影片,而且是 YouTube 熱門影片的第三名。在臉書上,這則影片被分享了 250 萬次,而原本上傳的那支影片觀看數也高達 1.1 億次,包含觀眾重新上傳的總體觀看量則是 1.75 億次。「約翰・希南愛網路」的完整行銷活動在各個平臺上,總共獲得將近 300 萬次分享,以及 1,000 萬次的互動量。

在首兩支影片成功之後,分享力公司的團隊持續替這套宣傳活動增加價值,方法是透過製作廣告影片,重新推廣給曾經與先前內容互動過的受眾;後續的這則廣告,內容是讓希南傳遞訊息,請觀眾造訪克瑞奇無線服務公司的網站。看到這則傳統廣告的人,是那些已經跟希南產生強烈連結的人(而且這種連結也延伸到克瑞奇無線服務公司),這歸因於一開始的內容既富有豐沛情感,又很扣人心弦。當粉絲感覺到真實的連結時,就更有可能密切關注並採取行動。

布朗斯坦補充道,當你聚焦於提供價值時,最後可能會有很

棒、有時甚至是意外的美好收穫。有一次，分享力公司運用兩支原本並非主要導流的影片，替一家大型寵物產品公司創造了 80萬人次的網站點擊次數，會有這樣的成果，原因在於內容十分引人入勝，以至於提升了影片最後呼籲觀眾採取行動的成效：「如果想要進一步了解該如何替寵物打造一個更美好的世界，請至此。」

我認同企業家蓋瑞‧范納洽說的話，有一些提供資訊是為了要賣產品的人，就只是想要賣產品、賺錢——雖然他們的確賺到錢了，但卻沒有看到品牌的長期願景，而這最後會讓他們碰壁。相反地，范納洽和我都認為，人們必須專注於可提供價值的內容，藉此建立品牌並吸引更多客戶。有了這個概念之後，直接反應式（direct-response）廣告內容還是可以帶來很多價值，但大部分的人會犯一個錯誤，就是把一則建立品牌的內容當成是直接反應式內容，反之亦然。我一直都在實驗、研究並測試建立品牌的內容跟直接反應式內容，兩者之間該如何相輔相成，而目前成果相當顯著。再說一次，你必須從以價值為導向的真實部分開始著手，不過，若你將兩種類型的內容交錯使用，那麼兩者都能推動成果。

## 在數位環境中說故事的視覺設計技巧

數位內容策略師納文‧構達花了很多時間，研究 YouTube 上

成效最好的創作者是怎麼做到的。在 YouTube 的平臺上，大眾會消費較長時間的內容，因此你可以讓人們長時間把注意力放在你身上。構達研究了該平臺上的影像部落格作者與個人品牌，發現那些成功者的溝通風格都頗為相似。

有效的溝通設計可以分成幾項因素，像是影片裡的顏色、步調和燈光——有很多看似極微小的細節，對於影片的成功來說有著很大的影響。舉個例子，構達發現，在成效最好的創作者當中（他們的單支影片平均觀看數為 400 ～ 500 萬次），有極高比例的人說話時咬字都很用力，而咬字沒那麼用力的 YouTuber，無論他們內容中的訊息有多相似，皆未獲得很高的觀看次數。在研究所有影片成功的細節之後，構達發展出一套關於溝通設計的深度見解。現在，他有能力將一個不那麼有力的概念，打造成一支會獲得上億觀看次數的影片。

請記得，說故事時要考慮到視覺和聽覺面向，這是很重要的；因為用視覺來呈現一個概念會比較容易吸收，也比較常在腦中回放。你要利用這一點，讓大眾持續對你的內容感興趣並持續觀看，也別忘了要研究競爭對手，以找出捷徑，讓你更快製作出正確的視覺選項。假如你有花時間觀察對手如何處理影片的溝通設計，就可以節省好幾個小時，用更短的時間達到更好的結果。

（如果你正在努力讓社群內容發揮成效，也想要獲得納文・構達與我的協助，我們提供幾種不同的選項，歡迎跟我們合作，請見：www.brendanjkane.com/work-with-brendan。）

## 觀看影片時的滿足感

構達認為，在數位平臺上說故事最重要的一個部分，就是創作出觀看時會產生滿足感的內容。幸運的是，有一大堆方法都可以產生令人滿足的視覺效果。他援引了一個例子，有一支影片的內容是，有一個人把自己的手指放進黏稠的液體裡——「看這支影片很享受，即便沒有人能夠確切解釋原因何在。」滿足感也可能來自於觀看一個人快速繪畫，或是塗滿整個白板——你在觀看的同時，會想要繼續看下去，以獲得你在影片最後會得到的完成感。尤其是當你在看植物生長的超縮時影片時，這一點特別有效；這些影片在視覺上通常會讓人感到滿足，因為你會看到整件事用一種現實生活中不會發生的方式發展。你會獲得一段完整的內容，還有一種完成感。

在創造內容時，考慮一下受眾觀看時的滿足感，這會替你帶來更多觀眾。視覺上的驚喜和喜悅，可以強化你的行銷素材和社群影片。

## 用電子郵件說故事：打造陌生開發的電子郵件

銷售來自於關係，因此，若是要跟你想合作的公司建立聯繫，透過介紹人是最好的方法。然而有些時候，你跟你想要見的人之間沒有聯繫，那麼你就需要找個方法來推進這些關係。領英

（LinkedIn）這類的工具，可以幫助你建立起這種類型的人際關係，但由於人們在領英平臺上會被大量的訊息轟炸，因此電子郵件仍舊是這方面的王者。

　　比起領英上的私人訊息，電子郵件更有效，因為能夠取得陌生人電子郵址的人比較少，而這依然是產品／服務提案時會使用的標準方法。除此之外，領英上的人幾乎不太會去查看自己的訊息匣，大家對於訊息匣的管理，並沒有像管理電子郵件收件匣那麼勤勞。此外，當你不認識某個人的時候，陌生郵件總是比陌生電話有效；通常最好是等到有人引介你，或者至少有過一次親自見面的經驗，你再打推銷電話給對方會比較好。因此，要是你能夠讓人們注意到你的電子郵件，就可以替你的事業提供很大的助力，而且可能會協助你拿下最大筆的生意。

　　我有一個朋友就是利用陌生開發的電子郵件，拿下了價值數千萬美元的生意。他在領英上做了點功課，找到他想要瞄準的公司裡的關鍵人物。當他找到他想要觸及的那個部門的主管之後，就使用不同的電子郵件格式去測試，最後找出了那個人的電子郵址（這個過程在本章稍後會說明）。找到電子郵址之後，他就寄出一封郵件說：「嘿，我有兩個朋友合夥開了一家公司，如果可以聽聽你對這家公司的想法，那就太好了，因為我正在考慮要去那裡工作。」

　　那個部門主管很快就回覆我朋友了，並提議在咖啡廳見個面。在那場會面結束前，對方說：「去那邊工作吧。然後叫他們

來市區一趟，我想我們有很多機會可以合作。」這場會面替我朋友帶來了一份新工作，以及一筆價值數千萬美元的生意，而這一切都是從那封陌生電子郵件開始的。大部分的人在寄出這類型的郵件後，從來不會收到回覆，但如果你可以用 A／B 測試的藝術來精進你的手法，就有可能替你帶來大筆生意。

## ↘陌生電子郵件的標題

想要撰寫成功的陌生電子郵件，第一個祕訣就是用主旨欄來陳述你的鉤引點。比方說，我朋友寄給該部門主管的電子郵件主旨欄是這樣的：「嘿，請問你可以在一件事情上給我點建議嗎？」他並沒有試圖向這個人推銷任何東西。再說一次：**他並沒有試圖向這個人推銷任何東西**。但是，這封信卻帶來了事業生涯中最大筆的銷售額。

我會強調這點是因為，一般而言，大眾在寫陌生電子郵件的時候，方向都錯了（尤其是在領英上），他們會開門見山地試圖向別人兜售自己的產品或服務。我在第七章會談到這種方法沒有用的原因，但現在你只需要了解，尤其是在第一批的陌生開發郵件中，你不應該試著銷售任何東西。

## ↘陌生開發郵件的內容

在我朋友的電子郵件內容中，他創作了可以脫穎而出、卻又不會顯得咄咄逼人的文案。他只是單純地詢問對方的想法：

「我們並不認識，但這個機會看起來真的很有意思。我正在考慮去那裡工作，而我想要聽聽你的意見。」這種方法會讓目標對象認為：嘿，可以，**這個傢伙並沒有試著要賣任何東西給我**，而這也具有真誠性——我朋友寄出第一封電子郵件的時候，真的沒有想要賣任何東西給對方，他只是想要獲得對方的建議和觀點。那份想要學習的誠實欲望替他敲開了一扇門，通往一筆很賺錢的生意。

### ↘陌生電子郵件的 A ／ B 測試

我建議你把電子郵件的標題和內容都拿去做 A ／ B 測試，以了解哪種組合能夠最有效觸及你的目標群眾。首先，透過在領英上搜尋，建立一份目標群眾名單。比方說，如果你想要觸及洛杉磯的娛樂公司，那就找出 100 家，接著尋找公司的創辦人或是管理團隊，然後，努力找出他們的電子郵址。

找尋電子郵址通常是整個流程中最花時間又最索然無味的部分。有些線上工具，像是 hunter.io、Findthat.email 或 Clearbit，可以協助你找出很可能是正確的電子郵址，或者，你可以把一個可能是正確的電子郵址拿去檢索，在 Google 上搜尋是否有符合的結果；另一個策略是去看看那個人有沒有寫過文章，因為這類文章中經常會提到電子郵址。

等你找到目標對象的電子郵址之後，把你的電子郵址清單放進 HubSpot、Salesforce 或是 Freshsales 等顧客關係管理（CRM）

軟體裡，接著，建立以 5 封電子郵件為一組的寄送時間和頻率；我不推薦你建立一組超過 4 ～ 5 封的電子郵件，因為再多就適得其反了。如果你的目標對象在 4 ～ 5 封郵件內都沒有回應，那就該改變一下文案，轉而瞄準目標公司裡的其他人。

關於 4 封郵件的序列架構，範例如下：

**郵件 1**：對於如何運用你的服務和產品來解決目標對象的痛點，給出一個最佳的概述。

**郵件 2**：重申你的服務和產品，看看對方有沒有興趣，可以加上案例，或是列出你曾經合作過的相關客戶。

**郵件 3**：先為自己持續寄送郵件而道歉，並詢問一個問題，確認對方的目標是否跟你的服務一致。

**郵件 4**：寄一封簡單的郵件，詢問對方有沒有時間聊聊。

郵件 1 要在第一天寄出，郵件 2 在第三天寄，郵件 3 是第五天，郵件 4 是第七天。從這裡開始測試每封郵件不同版本的回應，郵件 1 要測試三種版本──先修改內容的第一段，變成第二個版本，然後換掉主旨，變成第三個版本。試著讓變因保持單純，如此才能輕易找出帶來成功回應的是哪個改變。

舉例來說，你可以在一組序列裡的第一封郵件測試兩個不同的價值點，看看哪個版本較能引起興趣。群組 A 的第一封電子郵件主旨可以是：用社群媒體行銷來刺激（目標公司名稱）的成

長。而群組 B 的第一封郵件主旨可以是：社群媒體行銷如何激
發洛杉磯（目標公司名稱）消費者的興趣。

　　在寄送這兩封不同的電子郵件時，要把潛在客戶名單分成幾
組，意思是，將群組 A 的郵件寄給 50 家不同的公司，再將群組
B 的郵件寄給不同公司裡的 50 個人，然後檢視一下哪些郵件有
人回應。為了避免群組 A 的郵件全軍覆沒，你可以將群組 B 的
郵件寄給同一家公司的另一個人看看。在找到最佳的電子郵件文
案之前，你必須持續進行 A ／ B 測試。

## 寫出讓銷售翻倍再翻倍的文案

　　寫出吸睛的文案是相當關鍵的技能，如果你無法有效地傳
達鉤引點，就無法被看見或聽見。為了成為更厲害的文案寫手，
我推薦你閱讀麥可・麥斯特森（Michael Masterson）和約翰・福
德（John Forde）合著的書《厲害的銷售線索：啟動銷售訊息最
簡單的六種方法》（*Great Leads: The Six Easiest Ways to Start Any
Sales Message*）。在這本書裡，他們談到文案的六種最佳開場，
包含「提案線索」、「解決問題線索」、「天大的祕密線索」、「宣
言線索」、「故事線索」等等。為了達成我們的目的，此處會聚
焦於「宣言線索」，因為我認為這是一項可以協助你寫出更有效
的鉤引點和故事的工具。

　　「宣言線索」在開場時會使用一段富有感情且引人入勝的說

法，並以標題的方式呈現；宣言線索會大膽承諾提供想像中的好處，對於潛在客戶而言更是切題的，而且經常是奠基在對未來成果的預測上，讓大眾感到訝異。其目標是要「挑戰不可思議的極限，並用這樣的承諾來激發好奇心」，然而，如果這種大膽的宣言要有用，接下來的文案也得提供資訊來證實這種說法／承諾的合理性。此外，一項好的宣言線索，要到文案最後才會揭露產品或服務最重要的面向。

　　《厲害的銷售線索》指出，史上最成功的銷售信之一是為了銷售《選擇期刊》（*Journal of Alternatives*）而寫的；作為開頭，信件的標題是這樣的：「讀這本期刊，不然就會死。」（Read This or Die.）這句話抓住了潛在讀者的注意力，讓他們想知道是什麼資訊如此重要，以至於如果不知道的話就會死。接著，等鉤引點抓住了他們的注意力，文案內容則是一個更大膽的預言：「現今這個時代，你有 95％的機率可能會因為一種世上已有療法的疾病或情況而死亡。《選擇期刊》的編輯很樂意將你從這樣的命運中解救出來。」這讓人們開始思考：「**天啊，我有 95％的機率會死於已經可以被治癒的疾病，如果這是真的，我最好多了解一下。**」有一些對於健康相關議題感興趣的人，就會想要讀下去。

　　以預言形式呈現的宣言線索，另一個例子是：「危機倒數！在 2006 年 12 月 31 日，有三起驚人的事件將會擊垮數百萬名美國投資人……」讀者馬上就會好奇，年底前會發生哪三起事件並

造成如此大的影響——他們的好奇心被勾起來了。接下來的文案則替這個預言提供了可信度，說明出處是根據「一位知名市場分析師」。這種在情緒上相當引人入勝的說法勾住了讀者，使他們想要繼續看接下來的故事。麥斯特森和福德補充道，你無法「寫出」厲害的宣言線索，而是要用「尋找」的。若要找到宣言線索，最好的方法就是透過調查研究；你需要找出足以支持你的宣言的證據，這樣它才能真正脫穎而出，並以可信的方式具備顛覆性。

假如要替品牌找到厲害的宣言線索（或是其他任何一種線索／鉤引點），文案寫手克里蒙斯建議，先寫一段關於潛在客戶的恐懼、欲望和需求的文案，並想想你的產品或品牌將如何改善潛在客戶的生活。（如果你有數據能夠確實證明潛在客戶的問題有多嚴重，或是你的解決方案有哪些好處，那更好。）最後，找出潛在客戶的問題與你的解決方案的交集點，再將這個交集點當成你的主要訊息去創作文案（或是社群媒體影片的腳本）。

## 讓訊息產生共鳴的黃金公式

在《與羅蘭・弗瑞瑟共進商業午餐》（*Business Lunch with Roland Frasier*）的 Podcast 中，克里蒙斯勾勒了一組四步驟的文案撰寫公式，叫做「影響力曲線」（Impact Arcs），協助你勾住

受眾的注意力，這套流程如下：

1. **詢問（Ask）**：提出一個潛在客戶會回答「是」的問題，例如：「你想要讓你閒置在銀行裡的錢擁有最大的投資報酬率嗎？」「是的，想。」「那麼考慮一下投資藝術品吧。」

2. **坦承（Reveal）**：坦承你曾經也置身於與受眾相同的處境中——在那個處境下，你跟成功之間有著很大一段距離。你要搭建舞臺，以便展示你透過經驗獲得了關鍵的資訊，而這也可以幫助他們走向成功。你要坦承一些發生過的真實事件，以至於你非常努力想要學習更多資訊，比方說：「我曾經想要找地方投資，但當時我不知道購買藝術品可以獲得很高的報酬。」或是「我曾經想要這麼做，但我不知道該從哪邊下手。」

3. **點出（Call out）**：點出帶你走出迷霧的發現。說明你學會了哪些東西，因而讓你走到今天的位置，而這也能帶你的受眾抵達一樣的地方，例如：「我發現了一本書，金·保羅·蓋蒂（J. Paul Getty）的《如何致富》（*How to Be Rich*），書裡說明了他是怎麼透過藝術品而致富的。這真的很有意思，但我不確定那些原則是否仍適用於現今的社會。我後來決定跟一位很重要的藝術投資人見面，他從藝術品上賺了數千萬美元，我拿這本書

給他看，他便向我解釋如何將這些資訊應用於當今的藝術圈，而我也開始運用這些原則。在過去的 5 年間，我的年平均報酬率是 30％，這比我從股票市場獲得的報酬還要高。」

4. 派遣（Send）：派他們去做些什麼。這是你呼籲受眾採取行動的時刻，也是你的內容所希望帶來的影響。在這個階段，你可以請他們訂閱你的電子郵件、買你的書，或是追蹤你的帳號，比方說：「我把這些策略放在網站上，完全免費，你們可以去看看。」或是「訂閱我的電子郵件，我就會一步一步把這些訣竅告訴你。」

這組「影響力曲線」公式可以套用在一個句子、段落、影片，甚至是一小時的簡報上。你可於此聽聽看克里蒙斯討論這些技巧：https://podcasts.apple.com/us/podcast/business-lunch/id1442654104?i=1000429481263 。[55]

## ｜要點提示與複習｜

- 試著全面理解潛在客戶的需求，這能讓你決定如何包裝資訊，以及如何跟觀眾建立連結。

- 使用流程溝通模式來觸及你的受眾，確保你們使用的是同樣的語言。能夠有效地說故事的人，會使用邏輯、價值、幽默、想像、行動以及情緒等詞彙，他們會參雜六種人格類型的全部訊息，因此能讓100%的受眾參與他們的故事。

- 運用「你知道……嗎？」的結構來測試你的鉤引點、故事與商業企劃，以確認你的點子是否能引起群眾的共鳴。

- 不要讓品牌成為故事的主角，而是要專注於可以引發受眾產生哪些反應，並聚焦於提供價值給他們。

- 述說一個讓觀眾覺得有所連結的故事。讓他們愛上並理解你所說的故事，如果你著重於跟受眾建立一段戀愛關係，那你就會擁有更忠誠的客戶。

- 如果想讓影片獲得大量的觀看次數，就必須思考一下溝通的設計，包括影片的視覺和聽覺面向，以及觀眾的觀看滿足度。

- 如果使用得當的話，陌生開發的電子郵件會是一座金礦，能讓你跟含金量很高的潛在客戶建立連結。

- 用陌生電子郵件的主旨欄來闡述鉤引點，接著對文案內容進行 A ／ B 測試，以確認哪些電子郵件能獲得最良好的回應。

- 在撰寫產品或服務的文案時，找出潛在客戶的問題與你的解決方案的交集點，再將這個交集點當成你的主要訊息去創作文案（或是社群媒體影片的腳本）。

- 使用「影響力曲線」的四步驟文案撰寫公式，順著這個拋物線，精準擊中你的潛在客戶。

# 第五章

# 如何避免牢獄之災

## 關於真實性、信任與信用的大師課

**H**OOK POINT

手機交友應用程式大黃蜂（Bumble）的創辦人惠妮・沃芙
（Whitney Wolfe）訂立了一項使命，想要讓女性更有力量。她想
要改變交友世界裡的雙重標準，即期待女性能夠表現得矜持而節
制，不去追求她們想要的東西。她希望透過讓女性率先採取行動
的方式，來改變以往的互動模式，因此她製作了一款應用程式，
該程式的規定是，第一則訊息必須由女性傳給自己在平臺上感興
趣的男性。

身為南方衛理會大學（Southern Methodist University）的畢
業生，沃芙拜訪了校園中的許多姊妹會，並談論女性有權獲得自
己想要的東西。她表示談戀愛不一定非得讓男性主宰，此外，從
積極追求女性的壓力中解放出來，男性也會覺得感激。沃芙對於
改變社會常態感到興奮；藉由將這個理念傳遞出去，她啟發了這
些女性，使她們下載了這款應用程式。接著，她去了校園裡的兄
弟會，告訴那些男性，這款應用程式上有數百個女孩等著要跟他
們約會。除此之外，在這些男性下載應用程式後，她還會給他們
一些披薩和餅乾。

創造出一個平臺、改變以往的交友模式、讓女性握有更大的
權力，這些鉤引點帶來了 5,200 萬次的下載數，以及 3.35 億美元
的營收。[56]若考慮到沃芙在 2014 年 12 月發布這款應用程式時，
市面上已經充斥著各式各樣的交友應用程式，這可是個相當了不
起的成就。[57]

大黃蜂的成功，有一部分要歸功於沃芙的真誠，這個品牌與

她生活中的使命息息相關，並且是基於這個目標才創造出來的。如此真誠地渴望能夠有所改變，也讓她變得與眾不同並脫穎而出，進而讓她的公司邁向成功。

## 是什麼讓你早上有動力從床上爬起來？

真實性會支撐著你，讓你在這個 3 秒鐘的世界裡闖出一片天，因為這會讓你的鉤引點得以維繫下去。如果你的鉤引點、故事、產品或服務背後沒有真實性和目的，你就會缺乏實質內容，然後失敗。如果你熟悉賽門・西奈克的著作《先問，為什麼？》（*Start With Why*），就會知道他鼓勵品牌要「清楚說明他們之所以做自己正在做的事，是為了什麼」。一個品牌的「為什麼」，指的是其「目的、目標或信念」。西奈克鼓勵品牌要自問：「你的公司是為了什麼而存在？你早上是為了什麼而起床？為什麼應該要有人在乎你？」這些問題的答案，跟你在做的東西、你的產品或服務要多少錢、你在哪裡販售都無關。理解你的「為什麼」，會引導你維持真實性，並與客戶建立信任關係。

許多公司都把焦點放在賺錢上，從來不會停下來問問自己，消費者一開始為什麼會想要把珍貴的時間和金錢投資在他們的產品或服務上。消費者不可能是想要支付薪水給你——他們想要獲得一些有價值的東西；當他們看到你所做的事情背後的目標時，就會提高你的價值。你需要激勵他們，並讓他們想要成為你世界

裡的一部分。

　　舉例來說，蘋果和 Nike 十分精通於真實表達出他們的「為什麼」。這在跟品牌相關的媒體內容、產品設計與包裝，甚至店舖的陳列中都看得到。西奈克表示，蘋果跟顧客是用一種非常特定的方式在溝通，基本上，他們用的是這套哲學：「我們相信我們所做的一切可以挑戰現狀。我們相信換一種方式思考的力量。我們挑戰現狀的方法是，把我們的產品設計得很漂亮、易於使用，對使用者也很友善。而且，我們剛好有在做很厲害的電腦，要不要買一臺？」蘋果清楚理解並傳達出自己的「為什麼」，這會讓大眾認為蘋果的產品是這些理想的真實呈現。西奈克還補充道：「蘋果相信原創的蘋果電腦和麥金塔挑戰了 IBM 的 DOS 平臺。蘋果相信 iPod 和 iTunes 挑戰了現狀與音樂產業。我們也都理解蘋果為什麼會做這些事。」

　　傳奇文案寫手路賓納奇非常贊同一句話：「大眾買的不是你製作的東西，而是你相信的東西。」他任職於威頓與甘迺迪廣告（Wieden+Kennedy）公司的時候，去了一趟歐洲，目的是協助 Nike 發展一組進入歐洲足球市場的宣傳內容。當時，足球界正經歷著重大的改變——從 1066 年的黑斯廷斯之戰（Battle of Hastings）開始，因為各種歷史因素，法國與英國長年都處於對立狀態。但是，1992 年，一位名叫埃里克·坎通納（Eric Cantona）的法國超級明星足球選手，成為了英國曼聯（Manchester United）的隊長，這讓許多人大吃一驚，而這是個歷史性的事

件。當時 Nike 已經在贊助坎通納，但他們不知道如何利用這件事去借力使力，也不知道要怎麼將之融入行銷策略裡——Nike 不認為自己有足夠的信用或正統性去談論歐洲足球，因為他們在這項運動上還只是新手。路賓納奇對 Nike 說，他認為他們應該要讓這個品牌呈現在歐洲足球粉絲面前。他解釋道，Nike 有著絕佳的機會，因為他們有「**做，就對了**」的品牌歷史。路賓納奇表示：「如果當初傑基・羅賓森（Jackie Robinson）打破膚色限制、進到大聯盟時就有 Nike 這個品牌，他們也會贊助他。那就是 Nike 在做的事，也是讓這個品牌早上從床上爬起來的動力。」

在向 Nike 報告的簡報中，路賓納奇的團隊放了一張受到切・格瓦拉（Che Guevara）所啟發的圖片，上面有 Nike 簽下的所有偉大的足球員，並寫著：「自 1971 年起，Nike 便持續拆解權勢。」接著，路賓納奇繼續分享，Nike 作為歐洲足球界的一個新支柱，妙處就在於，他們不只有權利參與職業足球世界中的對話，並有所貢獻，而且還能對當下的事件發表其他競爭對手都無法談論的言論。對話的重點並不是設備上的創新，而是「這項運動本身在社會結構上的革命」。這場簡報正中紅心，並為團隊如何向大眾可靠且真實地展示他們的觀點，奠定了基調。

路賓納奇補充道，若想要讓宣傳活動跟即時性的事件（他也稱之為「煽動型事件」）綁在一起，可信度和真實性就非常重要。因為「想像一下，你喜愛的某個電視節目或系列電影，如果有個角色在某一集中突然做出詭異的行動，或是違反了原本的個

性，你就會覺得很不真誠、也很不滿意。在行銷上來說，意思就是一個品牌不時就會延伸到別的事情上，或是製作出看起來很不真實的訊息，而之所以會這樣，通常是因為品牌並沒有將自己的信念和行動連結起來。」

再說一次，這樣的連結就是路賓納奇認為 Nike 有權利參與歐洲足球界對話的理由所在：「並不是因為他們在製鞋業的歷史，而是因為他們的訊息延續性所帶來的力量。足球對 Nike 來說可能是一項新的運動，然而，品牌的信念系統——以及運動員對它所產生的共鳴——成功超越了各種運動項目的分界。品牌的力量並非奠基於產品的品質，而是根植於品牌自身的信念。」

另一個了解自身價值的品牌，是《傻瓜書》（*For Dummies*）系列，該品牌的故事也與跳脫傳統和挑戰現狀有關。身為國際數據集團出版社（IDG Books Worldwide）的創辦成員暨董事長／執行長，約翰・基庫倫（John Kilcullen）也是《傻瓜書》系列的創作者。他說他之所以創作這些書，是為了讓大眾可以用好玩又輕鬆的方式，對於特定主題有著剛好符合需求的理解，然後大家就回去做該做的事，繼續過日子。《傻瓜書》的粉絲很欣賞每本書中都有的元素：喜劇橋段、漫畫和圖像的使用，這讓學習更加引人入勝。

這個挑戰了現狀的「為什麼」，在這些書和行銷策略裡的每一個元素中都找得到。《傻瓜書》系列保證使用幽默的寫作風格，而這也展現在產品包裝上。比方說，當《傻瓜性愛書》的法

文版出版時，他們在封底裡放了一個保險套，上面有一個箭頭，寫著「這面朝上」（This way up.）。他們使用這種有禮貌的幽默來吸引大眾並脫穎而出，也讓他們的主題更易於理解。再說一次，如果點子未能跟品牌的靈魂保持一致性，就會被認為庸俗且不合宜。然而，由於這個行銷噱頭（以及確實很厲害的鉤引點）跟公司所要傳達的訊息是吻合的，《傻瓜性愛書》最後變成《傻瓜書》全系列中，在美國境外最紅的一本。

　　為了找到你的「為什麼」，先去閱讀賽門・西奈克的《先問，為什麼？》。不管是作為個人或公司，你都得找出讓你起心動念的東西是什麼；了解這一點之後，它會成為一個指南針，協助你發展出更真誠的鉤引點及故事。

＊　＊　＊

## 吉列 VS. Nike

　　如果要發想出鉤引點並述說故事，就一定要知道你的「為什麼」；要是沒弄清楚你的「為什麼」，你真的有可能會冒犯別人。2019 年，吉列（Gillette）公司因為〈我們相信〉的廣告受到相當多的抵制，這則廣告談的是「有毒的男子氣概」，包含性騷擾、#MeToo 運動，以及霸凌問題（你可於此觀看這支廣告：https://time.com/5503156/gillette-razors-toxic-masculinity）。雖然廣告裡的訊息很棒——當然，男性和女性應該互相尊重——但是吉列的受眾因此不想購買產品，也是情有可原。

　　作為一個品牌，在這則宣傳內容之前，吉列從來沒有談過社會責任。他們一直以來都是聚焦於「去除毛髮」這件事，這也就是為什麼當他們突然發布一支廣告，告訴男性必須改變自身行為的時候，很多消費者都覺得，他們是在試著硬要加入一個他們沒有權利參與的對話當中，因為吉列從來就不是這樣的公司。對於一些受眾來說，這支廣告既多餘又投機。再說一次，這是因為吉列以前談的都是品牌在做的事——製造有著五片刀鋒和潤滑條的剃毛刀——他們並非那種會述說「為什麼」要製作剃毛刀的公司。因此，雖然吉列用這支廣告吸引到大量的關注，然而，這些關注是否真的對於建立新連結和品牌的喜愛度有所幫助，那就不清楚了。深紅六角（Crimson Hexagon）公司的資深產品行銷主任珍・祖邦（Jane Zupan）認為，這次的宣傳有助於跟女性建立新的連結。但是，在 YouTube 上卻有 168 萬人按了不喜歡，而按喜歡的則只有 83 萬人次。[58] 整體而言，我不認為這次的宣傳很成功。

　　這樣的結果，跟 Nike 在社會議題上表態時所獲得的成果有著天壤之別。Nike 很熟悉這個戰場，況且他們多年來始終把自己的「為什麼」表達得非常清楚，而這就是 Nike 跟卡佩尼克合作的那則具爭議性的宣傳大獲成功的原因——以卡佩尼克的聲音為主調，說著廣告標語：「要有所信仰，即便那意味著你要犧牲一切。」這句標語指的是卡佩尼克在演奏國歌時抗議警察暴力的舉動，而這可能會葬送他在國家美式足球聯盟的職業生涯。這支

廣告收到的評價有好有壞，不過因為 Nike 很懂他們的核心受眾
（Z 世代和千禧世代），這些人會支持在社會議題上積極表態的
品牌；此外，因為廣告看起來跟品牌的核心價值是一致的（Nike
表示他們會投資那些有所犧牲的人），所以這次宣傳獲得的反響
還不錯。廣告釋出之後，Nike 的股價達到歷史新高，當週週末
的線上銷售量立即飆升了 31％，而且當日在 Twitter 上就被提及
了 45 萬次。[59]

　　這兩個宣傳活動產出的不同成果是一個很好的教訓，警惕你
要確保自己選擇的鉤引點能夠支持你自己與你在做的事。你不能
突然創造出一個不支持你的基礎價值的鉤引點和故事，因為這會
帶來反效果；反之，如果你選對了鉤引點，並真正忠於自己，那
麼這些鉤引點就會帶來很大的成功。

＊　＊　＊

## 好的鉤引點會替你建立信用

　　分享力公司的艾瑞克・布朗斯坦，會使用鉤引點替新的事
業機會快速建立起信用。當他出席會議，想要跟主講人建立關係
時，往往只有短短幾秒的時間可以抓住他們的注意力。根據多年
的經驗，他知道立即建立起信用的最佳方法之一，就是利用鉤引
點。當講者走下講臺時，他會立刻迎上前去，並說道：「嘿，真
是太精彩了。我想跟你聊聊，因為**我們現在正在做的事，就是製**

作世界上最成功的影片內容，我們能協助你把故事說得更好、觸及更多人。」粗體的句子就是能夠建立可信度、讓布朗斯坦獲得見面機會的鉤引點。如果他沒有把這段資訊放進去，就只會剩下這樣：「我想跟你聊聊……」那他也就不會脫穎而出了，只會跟其他所有想要博得講者注意力的人一樣。

## 總統候選人、電視臺綠棚：一堂關於真實性的課

　　我飛去紐約替我的第一本書做媒體訪談的時候，受邀參加了兩個節目，第一個是《大衛瑋博秀》（*The David Webb Show*），你可於此收聽：www.brendanjkane.com/davidwebb。訪問結束後，瑋博詢問我接不接新的客戶，以及我能否看看他的社群媒體聲量。雖然我上節目唯一想做的事就是提供價值，最後卻獲得一筆潛在的生意機會。之所以會如此，是因為我想要幫忙，並完整展現了我真摯的渴望，再加上 30 天內從 0 到百萬追蹤的強力鉤引點（這也是一開始我受邀上節目的原因）。

　　我去上福斯財經網的電視節目《肯尼迪》（*Kennedy*）時，也有類似的經驗。在休息室裡等待的期間，我遇到民主黨的總統候選人約翰・德拉尼（John Delaney）。然而，剛開始交談時，我並不知道他是誰；我們只是單純真誠地聊我之前做過的事，以及我對於社群媒體的觀點，接著，他便詢問我願不願意受聘協助他經營社群媒體上的競選宣傳。自然而然地遇見他人、提供價值，

並跟他們建立連結，就會因此真正建立起足夠的信任與信用，也會替你帶來新生意的機會。（不管是約翰・德拉尼還是大衛・瑋博，我都沒有試著要推銷任何東西給他們，自然也沒有使用任何銷售話術。）

　　你也做得到！想要建立信任與信用，就要用最強的鉤引點和最能吸引人的故事去開啟對話。如果你能運用本書所教的流程，就可以打開通往更多機會的大門。這套流程非常有用，但需要一些練習，因此，如果需要花些時間才能搞定，也不要感到挫折。有時候，我會花上數個月的時間，盡力使一個鉤引點和故事盡善盡美，它才能真正開始發揮作用。

# 100 萬美元，三堂失敗的課

　　一旦你成為吸引注意力的專家，可能會帶來超出你能力範圍所及的潛在客戶。你會開始興奮地想要答應每件事；千萬別犯這個錯。我發現自己曾經接下了那些並非真正適合我的案子；剛開始時，我強力的鉤引點和故事帶來一些生意，即使我並非最適合那項工作的人，而這會是個問題，因為當你談妥大案子和重要客戶的時候，就必須要履行。

　　在事業生涯的早期，我替許多公司賺了數百萬美元，但最後這些公司的結果並不好。我有很厲害的鉤引點，也能述說引人入勝的故事，並找到投資者，但最後卻失去了生意。我之所以會

失敗，原因有很多，其中一個主要的原因是，我的核心專業和技能組合並不是像一名執行長或營運長那樣去經營一家公司。漸漸地，我意識到，我在替公司提供策略、清晰度、創新以及願景這方面，是世界級的專家——然而，在例行營運的方面則不是。

本書裡的資訊可以替你帶來大生意、讓營收大幅成長，並創造出更有效的內容，但你必須知道你真正擅長的是什麼，才能真正成功。**真實性是讓一切完整的黏著劑**。雖然厲害的鉤引點和故事會讓人們傾身向前，把注意力放在你身上，但如果你的故事聽起來不像真的，而且你沒辦法履行你所描述的事情，你的品牌或公司就會瓦解。

看看紀錄片《矽谷血檢真相報告》（*The Inventor: Out for Blood in Silicon Valley*）所揭露的醜聞——伊麗莎白・霍姆斯（Elizabeth Holmes），以及早已不復存在的健康科技公司 Theranos。霍姆斯成為了世界上最年輕、白手起家的億萬富翁，卻無法延續她的成功，因為，沒錯，她的產品是假的。她的鉤引點讓她在尋找投資者和銷售時如魚得水——大家都想要相信血液檢測可以變得更便宜、更簡單，只要用一滴血就能做到多項測試。那簡直太棒了……如果是事實的話。不幸的是，比起製作產品，霍姆斯更擅長說故事。

這句話同樣也能用來描述費爾音樂節（Fyre Festival）背後的主辦人，這場「奢華」音樂活動的行銷宣傳非常厲害。然而，費爾媒體公司（Fyre Media Inc.）的執行長比利・麥法蘭（Billy

McFarland）卻無法讓這場活動成真。很多人都認為麥法蘭是個
騙子，但我覺得他的團隊是真的有意要舉辦一場行銷內容裡所呈
現的那種音樂節，只是他們沒料到舉辦一場具備如此熱度的音樂
節是多麼困難。

## 建立明確的期待

　　對自己誠實，就可以避免上述的狀況；如果你能做到這一
點，那麼當你面對任何客戶，你都會誠實以對。我在跟凱蒂・庫
瑞克與雅虎製作人合作的時候，對話中常常會提到我們進行優化
的需求。我讓庫瑞克建立了一種預期心態——我們會持續拿海量
的訪談來做測試。在合作的最初階段，我提醒過她：「不要愛上
任何一則訪談。假使有哪段訪談的成效不好也沒關係，我們可以
從中學習一些東西，並持續加以調整，直到我們找出會爆紅的訪
談。」

　　我開門見山地建立了這樣的期待，因為這是最實際的情境。
跟庫瑞克的事先溝通，讓我們對於整體狀況有一個共識：打從一
開始，我們就清楚「失敗」將會是這個過程的一部分。

## 當你交不出成果，該怎麼辦？

　　從網飛的紀錄片《Fyre：國王的豪華音樂節》（Fyre）中可

以看到，即便是在音樂節澈底失敗之後，麥法蘭也沒有從自己的錯誤中學習。事實上，當他被告上法庭時，他又設計了另一套騙術，販售可以讓觀眾到演唱會後臺的高級套票，但他其實沒有辦法進入這些地方。當然，我們都會犯錯──沒有人是永遠完美的──然而，你應該要試著從經驗中學習。你要分析哪些行為和策略是有效的、哪些則否，如此才能搞清楚你的極限在哪，然後繼續成長、往前走，讓自己做好準備，迎向下一次的成功。

　　不管原因為何，如果你發現自己深陷某種泥淖，導致無法交付成果，就要開誠布公跟客戶溝通這個事實。最糟糕的做法就是搞失蹤。你必須主動打電話給他們，解釋案子延遲或是出現障礙的原因。這類的談話可能會很困難，但是，比起單純無視事實與計畫有所出入，這有效得多。大部分的人確實會欣賞、也很尊敬溝通的重要性。如果事情進行得不順利，你卻試著隱藏問題、逃避溝通，最後的結局很可能就是流失客戶；而如果這種情況反覆發生，你的名聲就會變得很差。相反地，一開始就應該坦誠溝通可能會發生什麼事，以及你會如何修正狀況，甚至是傳達你可能得結束合作關係。毫無疑問地，長期來說，誠實會帶來最好的成果。

## 說「不」的力量

　　當我決定要跟某個人合作，是因為我看到一個有意思且令

人興奮的機會，並不是因為我走進會議室時想著：「這將是我事業的轉折點，這是一場很重要的會議，而我會賺到很多錢。」我真正思考的會是：「這讓我很興奮，我想跟這些人分享這個資訊，我覺得這個鉤引點和故事能夠提供價值給坐在桌子另一頭的人。」如果我沒有這種感覺，就會拒絕那場會議或是案子。

我認為這種心態對成功來說至關重要。如果你不是真心對你在做的事感到興奮，是會被看穿的。這就是為什麼我從不會去製作無法激起自己興奮之情的鉤引點或故事。在會議室裡，我能夠很快就讓位高權重的人對我產生信任並建立起信用，原因在於他們看得出我是真心對他們的案子充滿熱忱。再說一次，如果我不相信一個案子，就不會去做。

對你不相信的案子說「不」，這麼做對你是有好處的。有一次，我跟世上最頂尖的街頭藝術家 Hush 共進晚餐，他告訴我，基於同樣的原因，他每年只會製作少量的高端作品，也就是那種價值數萬美元的作品。我問他，要如何讓人們對於他的作品有這麼高的需求，他表示是「透過說『不』的力量」。他經常收到想要擁有他作品的團體或人士的委託，但如果他並不是對那個案子具備真心的熱忱，就會拒絕。他也發現，他的作品愈是高檔且稀有，人們對他的作品的需求就會愈高。

因此，不要答應每個機會。只要接下那些真正吸引你的工作就好，這麼做會增加你的價值。

## 「失敗」是在跟成功談戀愛

　　若要在銷售上取得成功，你需要建立起充滿信任感的關係。你的客戶或潛在合作夥伴，必須相信你能交付你所承諾的東西，否則他們就不會掏錢買單。但即便人們沒有立刻選擇跟你合作或是買東西，你還是應該要建立良好的關係，因為你不會知道潛在客戶何時會改變心意，或是突然出現新的機會，為你們帶來長期的合作。

　　有一次，我的同事在跟一個重要的客戶開會時失敗了，因為他沒做好功課、沒有理解對方公司的需求。他提出的服務並非對方公司想要的，而他馬上就發現會議進行得不順利。會議結束後，他負起責任，向促成這場會議、剛好也在會議室裡的那個人致歉。我的同事是謙遜的，願意承認自己搞砸了；當下承擔起責任是他最佳的選擇，這讓他跟促成會議的人之間仍然存在著信用，最後也替他帶來了不可思議的重大成果。

　　年輕的時候，你會希望每件事都能立竿見影，但是等你有了經驗之後，就會發現你今天跟某人的談話，將來可能會造就你創立一家公司。因此，別不耐煩地毀掉未來的機會──你需要的是放長線釣大魚。

　　在你想要拿下大筆生意的同時，也需要對你所銷售的產品或服務充滿熱忱、瞭若指掌。澈底摸清楚你的產品或服務，你才能信心滿滿地回答問題、直指目標對象的痛點，並消除對方對於你

公司正當性的疑慮。

　　萬一你不知道某個問題的答案，也不要自行編造細節去填補空白。最好的方法是承認你不知道，並告訴客戶，等你有進一步答案時，會再聯絡他們。要記得，真實性有助於你維繫信任感與信用。

＊　　＊　　＊

## 如何在會議中建立真實的信任感

　　在〈如何讓人喜歡你：FBI 行為專家的 7 個方法〉（How to Get People to Like You: 7 Ways From an FBI Behavior Expert）這篇文章裡（順帶一提，以文章標題而言，這是個很強的鉤引點），艾瑞克・巴克（Eric Barker）解釋了要怎麼建立關係並創造信任感。他訪問了 FBI 行為分析計畫的負責人羅賓・德瑞克（Robin K. Dreeke），他是一名花了 27 年的時間研究人際關係的專家。德瑞克的第一項建議是：「不帶批判性地詢問他人的想法和意見。」你不需要百分之百贊同他們，但必須花時間理解他們的夢想、欲望以及需求，藉此來認同他們。

　　德瑞克認為，建立信任感和信用最好的 7 個方法如下：

1. 不加批判地認同。詢問他人的想法和意見，但不要帶有批判性。
2. 把注意力集中在對方身上。

3. 全心全意地聆聽。提出問題，並認真聽對方的回答。

4. 詢問對方正在面對的挑戰是什麼。

5. 在對話剛開始時，先建立時間限制，這會讓陌生人比較
   自在。

6. 微笑，讓你的手掌打開，抬頭挺胸。

7. 如果你覺得被人操弄了，就澄清你的目標是什麼。不要
   表現出攻擊性，只要請對方誠實表達他想要什麼就好。[60]

　　還有其他資源，同樣也能幫助你建立起他人對你的信任，
包括戴爾・卡內基（Dale Carnegie）所著的《人性的弱點》
（*How to Win Friends and Influence People*），以及馬歇爾・盧
森堡（Marshall Rosenberg）所著的《非暴力溝通》（*Nonviolent
Communication: A Language of Life*）；這兩本書都會教你如何跟
他人進行有效的溝通，並且更了解他們的需求，以幫助自己建立
更多的信任感與信用。

＊　＊　＊

## 內容創作中的真實性：到底是什麼意思？

　　真實性有助於建立受眾對你的信任，況且，要在數位平臺
上取得成功，真實性在其中也扮演了重要的角色。數位內容策略
師納文・構達分享道，大部分的人都已經很習慣廣告商的操作和

招數，這也是為什麼許多品牌很難在社群媒體上獲得足夠的互動量。比起自己是誰、想要說些什麼，品牌應該要思考的是觀者的需求。

　　脫口秀喜劇演員喬‧羅根（Joe Rogan）在這個 3 秒鐘的世界裡取得了巨大的成功。他讓人們會想要花數小時的時間收看他的頻道，因為他提供了很強力的內容，對於自己的品質標準也絕不妥協。構達認為，雖然這可能較花時間，但是，花時間建立一個強大且可靠的品牌是值得的——最終，你也會獲得受眾更多的時間。

　　當你持續創造出有意義、有品質的內容，就更有機會跟受眾產生真正的連結，並在這個微型注意力的世界裡贏得信任。觀眾會花很多時間不停觀看你的內容，以獲得你所提供的價值。然而，如果你抄捷徑，貼文的目的僅只是為了符合數據或迎合排程，那你就會犧牲掉品質，也會流失觀眾（還有演算法）對你的信任。假如你連續上傳一些很糟糕的影片，那麼下支影片的成效就不會好到哪裡去（不管該影片內容有多好都一樣）。為了避免這種情況，構達通常會花費比其他內容創作者多兩到三倍的時間去研究、構思並製作一支影片。他之所以這麼做，是因為如果他做對了，影片的成效就會獲得 10 倍到 100 倍的成效。

　　張貼內容就像上班一樣，單純只是現身打卡是不夠的。當你人在現場的時候，就得努力工作、執行你被指派的任務，並且進行有效的溝通，以維持客戶或老闆對你的信任。如果你出現在公

司，但卻很懈怠，或者沒能完成你被指派的任務，幾天之後，別人對你的信任就會開始崩壞。構達補充道，對於每支影片或是數位內容，你都不應該只以「做得好」為目標，而是要以「令人驚豔」為目標。

## 關於內容品質：不討喜的真相

當觀眾看到煥然一新的精緻內容，有著快速切換的畫面與高級新奇的特效時，他們就會自動認定是在看廣告。構達表示，在製作影片時，你應該要盡可能保持真實性。內容的製作品質並不會決定你在社群平臺上的成功與否；成功來自於講述一個真實且吸引人的故事。對許多人而言，這是非常好的消息，因為這代表你也許可以在基本上沒有任何製作成本的情況下，只用手機拍一支影片就觸及到數百萬人。

## | 要點提示與複習 |

- 真實性會讓你的鉤引點得以延續；缺乏真實性的話，鉤引點就會失效。

- 讓你的「為什麼」引導你，在消費者之間建立你的信任感與真實性。

- 「大眾買的不是你製作的東西，而是你相信的東西。」——恩尼斯·路賓納奇。

- 如果你的鉤引點無法支持你最底層的基礎，那麼可能會帶來反效果。

- 用鉤引點快速替新的事業建立起信用。

- 誠實面對自己和客戶，最佳方法是透過建立起清楚的期待，說明你可以做到什麼事，以及無法做到什麼事。

- 只要接下真正讓你有所共鳴的工作就好，有時候，說「不」可以帶來更大的需求量。

- 銷售的成功是來自於建立起充滿信任感的關係。

- 別不耐煩地毀掉未來的機會——你需要的是放長線釣大魚，因為重要的機會可能在未來才會出現。

- 傾聽你的客戶，才能真正理解他們的需求。

- 當你持續創作出有意義、有品質的內容，就更有機會贏得觀眾的信任，以及觀看的時間。
- 內容的製作品質並不會決定你在社群平臺上的成功與否；成功來自於講述一個真實且吸引人的故事。

# 第六章

# 學習去傾聽，
# 用傾聽來學習

**H**OOK POINT

馬克・庫班（Mark Cuban）是一名商人兼投資人，擁有
NBA 的達拉斯獨行俠隊（Dallas Mavericks），也是 ABC 電視
臺《創智贏家》（*Shark Tank*）的主要投資人之一。他大學一畢
業，就在一家名為 Tronics 2001 的公司工作；在這裡，一位名叫
賴瑞・米諾（Larry Menaw）的同事給了庫班幾則他此生聽過最
好的建議。米諾注意到庫班經常很亢奮，而且總是忙個不停。有
一天，在他們的某一場會議前，米諾給了庫班一些具體的指示：
「馬克，我希望你幫我做一件事。每當我們坐下來開會的時候，
我希望你拿出筆記本和筆，然後在右上角寫下這個詞：**傾聽**。」
直到現在，庫班依然遵循這項建議。他在每場會議之前都會寫下
「**傾聽**」一詞，以提醒自己要安靜聆聽會議室裡的其他人要說些
什麼。[61]

## 你雙耳間的那座金礦

在這個 3 秒鐘的世界裡，聆聽是很關鍵的。極其大量的資訊
排山倒海地朝我們撲來，導致我們很容易分心；然而，專注並置
身於當下——尤其是當客戶或另一半在說話時——最終將會讓你
發掘出自己最佳的鉤引點。當你仔細聆聽潛在客戶說話的同時，
極有可能挖掘出他們的痛點所在，並了解你的技能、產品與服務
能符合他們哪一方面的需求。

花時間真正去傾聽，會讓你擁有一座資訊的金礦，也會讓你

變得更有價值。如果你問對問題，就會站在上風處，也會明白要怎麼選擇呈現你的產品或服務的方式。而在會議當中，你最好具備一種能力──快速利用鉤引點和故事形成一套解決方案，以解決潛在客戶的問題。

　　睡眠醫生麥可・布勞斯也說過，他最有價值的鉤引點裡，其中有些絕對是透過傾聽他人而找到的。病患與演講的聽眾會詢問他大量的問題，從這些問題中，他會發現最常見的痛點是什麼，並圍繞著這些痛點去製作鉤引點和故事。「傾聽」幫助他用更好的方式來傳達訊息；對於人們最常見的睡眠相關問題，「傾聽」也能展現他正是可以提供解答的人。

## 用在傻瓜身上的鉤引點

　　前面提過約翰・基庫倫──大獲成功的《傻瓜書》系列創作者，他也認同在商業上成功的一個關鍵是，仔細聆聽潛在客戶和顧客的意見。正是基於這個理由，基庫倫會閱讀每一本《傻瓜書》大量的讀者意見回函。他的團隊出版了《給傻瓜們的Quicken 指南》（*Quicken for Dummies*），是因為很多讀者都提到，他們希望有一本書教他們怎麼理財。收到這類回應，對品牌來說是個決定性的時刻，這讓基庫倫和他的團隊意識到，他們可以延伸發展這個原先是資訊科技產業相關的書籍系列，轉而出版關於個人理財的書籍。

透過聽取顧客的需求，基庫倫的團隊將一個資訊科技的書籍系列，拓展成為一個囊括數千種主題的品牌。假如基庫倫當初沒有聽取顧客的意見，品牌就不會生產出超過 2,500 種主題的書，並達到 2 億本以上的印刷量。

恩尼斯・路賓納奇也同意，成功的品牌擴張，可以透過傾聽顧客來達成。《生活》（*Life*）雜誌內容的演進就是一個鐵證。《生活》裡最熱門的是「人物」的單元，因此，梅里迪斯集團（Meredith Corporation）創立了《時人》（*People*）雜誌；接著，《時人》裡最受歡迎的是「時尚」單元；於是，就有了《時尚泉》（*InStyle*）雜誌；再來，他們注意到《時尚泉》裡最受歡迎的是婚禮單元；《時尚泉：婚禮》（*InStyle: Weddings*）雜誌就此誕生。最後，因為《時尚泉：婚禮》裡最受歡迎的是名流單元，於是他們就做了《時尚泉：名流婚禮》（*InStyle: Celebrity Weddings*）雜誌。

邀請顧客給你一些回饋，並認真以對。你永遠不會知道，有些人可能會給出價值數百萬美元的點子呢。然而，這只有當你問對問題（並好好傾聽）的時候，才能聽見。

## 將你的耳朵訓練得很敏捷

當我說你必須親自傾聽，指的是積極傾聽，也就是你得去解讀字裡行間的意思，並開始真正理解眼前這個人到底在說些什

麼。這能讓你專注於當下，進而正確解讀對方的意思。從這種做法中，你搜集而來的資訊會協助你在交付產品或服務時更巧妙地應對。你會開始理解到，即便你是跟同一家公司裡的三個人談——可能是執行長、副總以及中階經理人——你依然需要稍微調整你的鉤引點和故事，以針對每一方微妙的痛點。

　　舉例來說，就像本書前面稍微提過的，在跟泰勒絲會面之前，我得經歷一連串會議才有機會與她合作。我有一份跟 MTV 的授權合約，正是透過這層關係，我才獲得跟她見面的機會。當時，我並不曉得泰勒絲是誰（因為她當時還正朝著超級大明星之路邁進），這在現在看來可能很奇怪，但幸運的是，那是發生在我事業的早期，而我很樂意跟任何人會面。

　　第一次會面時，我是與泰勒絲的唱片公司開會。接下來，我需要分別跟她的父親、母親見面，最後才是跟泰勒絲本人會晤。我善於與每個人會面並專注傾聽，這個能力最終讓我成功拿下了這筆生意。在每次的互動中，我都會更加了解泰勒絲和她的團隊是如何感知這個世界的。這讓我有辦法強調我故事中不同的面向，以滿足每一方的需求，也讓我成功晉級到下一個階段。

　　這個過程讓我有很多時間可以提問，並開始真正理解泰勒絲想要的是什麼。我運用這些資訊，具體針對她的需求，打造出最具吸引力的鉤引點和故事。我了解到泰勒絲想要跟粉絲建立一對一的聯繫，並透過這種方式自行建立起品牌。她經常會親自回覆留言、簽名，以及跟粉絲合照，這是她跟粉絲溝通的方式。她那

時開始用 Myspace 建立自己在線上的能見度並觸及粉絲，而她也很熱衷於這件事，因為她可以自行利用內嵌程式碼來控制網頁的設計。

是時候進一步擴張並突破 Myspace 的限制了。她花了一筆錢在全 Flash 的網頁上，並且在一位開發人員的協助下，花了兩天來升級，但泰勒絲並不喜歡無法親自掌控網站這一點。取得泰勒絲與她家人的回饋之後，我的團隊便著手建立一個全新的網站，而且只花了 6 個小時。

在會議中，我說的故事是這樣的：「泰勒，我知道妳很愛跟粉絲互動並掌握品牌設計。我們也理解，無法親自在網站上做任何更動是妳的痛點，所以我們替妳建立了這套系統。妳不必學會編寫程式碼，就可以自行調整網站裡的每一個元素。」在會議過程中，我教她要如何在兩秒鐘內發布新的頁面，並改變導覽系統、圖片以及整個網站的底圖，以搭配她最新的專輯封面。會議期間，我把滑鼠遞給她，讓她在現場就可以自行修改網站。

在跟泰勒絲的唱片公司、父親、母親開會的時候，我採用的則是與這個故事稍有不同的另一個版本，目的是為了精準地滿足他們的需求，並解決他們的問題和憂慮。我向唱片公司與泰勒絲的父親強調這個故事中的商業部分，並且讓泰勒絲的母親可以放心信任我的團隊。我必須傾聽他們每個人想要什麼，才能提供價值給她團隊中的每一個人。相反地，如果我一進會議室就逕行開口向泰勒絲提案，我的簡報方式就可能沒辦法如此全面符合她的

需求。

　　後者正是大部分人的做法——在會議上滔滔不絕地進行簡報，向他們想成功推銷的對象提案，而這也會發生在數位內容裡——人們通常會專注於自己想要說的，而不是受眾想要聽的。我進會議室的時候，大部分時間甚至不會帶簡報。我幾乎已經不太做產品演示，也不太會使用 PowerPoint，因為這會讓你無法根據獲得的回應來修改你的訊息。

　　想像一下，你進到會議室之後，發現談話的對象對於情況的感受和理解，跟你預想的不一樣。或者，這個人看待情況的方式，跟同一家公司裡的另一個人不一樣（而你最後也得要說服這個人，才能拿到這個職位或是銷售這項產品）。你可能會跟執行長見面，而他說：「對，我們很喜歡，但你還得去見行銷副總，因為她才是能針對這項特定服務做出具體決定的人。」如果發生這種事，你就不能帶著你用來跟執行長談話的那些要點進到會議室裡——行銷副總看待解決方案、痛點以及需求的方式，可能會有所不同——她有自己獨特的角色和責任，而這也會改變她對於需求和價值的看法。你需要記住執行長說了什麼，同時也要對行銷副總提問，了解她認為有哪些東西是很重要的。接著，你就可以打造你的故事，協助她更容易看到你的價值所在。

## 如何在淘金浪潮中獲勝：問對問題的藝術

不要擅自臆測，也不要在開會前就存有先入為主的成見或話術，即便你已經見過該公司的其他人也一樣。你要以退為進、提問問題，並真心傾聽對方要說什麼。花點時間了解桌子對面的人，以及他們怎麼看待自身的問題；觀察他們的肢體語言、心情與回應。這些辨識都決定了你該怎麼包裝你的訊息，以便跟潛在客戶、合作夥伴與雇主們建立起更好的連結。不要用猜的，也不要以為自己知道他們想要什麼，你要用他們的回應和反饋來打造自己的故事。

我把我的故事用在不同的人身上，反覆練習了很多次，因此我才變得非常善於向他們說故事。其次，我一進到會議室內，就會讓對方告訴我該如何改變我的鉤引點和故事。我準備會議的方式是建立一個鉤引點，例如「30 天內從 0 到百萬追蹤」的概念，接下來，我會與我信任的商業夥伴一起練習，向他們說這個故事。

進行初步練習，不只是為了更善於溝通我的鉤引點和故事，也是為了要取得回饋，看看這些內容是否奏效。如果你也這麼做，那麼當你走進會議室時，就如同你已經用鉤引點和故事做過的多次練習一樣，你可以輕鬆坐下來，在傾聽對方之後，根據對方的回應來調整你的故事。

進到會議室時，要帶著已練習過、能夠流暢表達的鉤引點

和故事。你要盡可能掌握所有資訊，如此才能改變你講故事的方法。你必須有自信，用不同的順序講故事，也要捨棄某些特定部分，並補充一些資訊，如此一來，才能分享出最符合潛在客戶需求的訊息。另外，也要注意他們提出的任何問題，這樣才能理解他們認為什麼是有價值的東西。

我的父親吉姆・肯恩（Jim Kane）是芝加哥老牌的法律事務所前合夥人（他們的辦公室遍布全美），他也同意，針對潛在客戶及其需求做研究並掌握背景資訊，是極為關鍵的。在開會之前，他們事務所的行銷部門會對潛在客戶的公司進行研究，以確認在該領域裡最專業的律師是哪一位。接下來，他們會盡可能全力做好準備，再放手讓那場會議產生自己的節奏。

除了擁有潛在客戶所尋求的專業領域技能，我父親也說道：「一名真正優秀的律師，所能做的最重要的事，是傾聽客戶對他的簡報有什麼回應。」他在執業生涯中所見過最優秀的律師，都是會傾聽對方，並立刻做出調整以符合潛在客戶需求的人。

你也許能做出世界上最精彩的簡報，但如果你的提案無法解決顧客的需求，你還是拿不到新的生意。你要非常仔細地傾聽，並準備好改變你的方法。我父親也補充道，除非你問出對的問題，否則潛在客戶常常也不清楚自己的需求是什麼。

## ↘一天一問題，痛苦就遠離

下列是一些你在會議上可以提出的概括性問題。根據你的產

業與潛在客戶的需求，你會需要提出更多更具體的問題。不過，這幾個問題可以給你一個很好的起始點：

1. 你最重要的目標和目的是什麼？
2. 你在嘗試達成這些目標時，遇到哪些障礙？
3. 對你的組織來說，最令人氣餒的痛點有哪些？
4. 你在這個職位上，所感受到的最大痛點是什麼？

再說一次，這些問題是很概括性且高層次的，然而，得出的答案可能有助於你取得關於潛在顧客及其公司的大量資訊──你會找到他們最重要的障礙和目標是什麼。

舉例來說，要是遇到想降低採購成本、卻又難以實際推行的客戶，而如今因為花在社群媒體廣告上的成本沒有帶來報酬，於是，他們的高層團隊也就不理解付費媒體的價值在哪裡。有了這些資訊，我進到會議室時就可以說：「如果我進行一個測試，能夠降低你的單次購買成本，這樣能否幫助你向高層說出一個吸引人的故事呢？這個說法是否可能讓你拿到更多的預算，以便有效地完成你的工作呢？」

基本上，你要傾聽他們提供的資訊，然後用這種方式回應：「如果有辦法解決這個問題，會不會有辦法幫……？」人們在面對試圖協助自己解決難題的人，是很難說「不」的；但是，你只能透過提出正確的問題和傾聽，才能為潛在客戶的問題帶來解決

方案。假如你不這麼做，那就只能用猜的了，而且，若是你沒有真正理解他們是如何看待情況的，就只能把各種解決方案都搬出來（但如果要抓住新客戶，這並不是個好策略）。

## 閉嘴！你會把魚嚇跑

有一個朋友告訴我，美國商業大亨、製作人兼電影工作室高層的大衛·葛芬（David Geffen）絕對是會議室裡最安靜的人。他話不多，但是當他有話要說的時候，每個人都會停下來聽。

我注意到，我所遇過的那些最令人印象深刻、也最有力的人士都有這種傾向。除非他們有重要的事情要說，否則他們不認為有開口的必要；而且，他們在開口前通常會花時間好好思考。我特別記得我第一次與湖岸娛樂的創辦人兼董事長湯姆·盧森堡（Tom Rosenberg）開會的情景，我父親知道他是個聰明的傢伙，因此事先提醒過我，他的溝通風格很特殊。他告訴我：「你跟盧森堡開會的時候，他可能會有很長一段時間的沉默——那是因為他在思考接下來要說什麼，不然就是他還在消化資訊。」我父親說的沒錯。盧森堡在必要時可以侃侃而談，但是，大多數時候會出現一種令人不太舒服的沉默，會讓你覺得是不是應該開口說點什麼。不過，我很快就發現，這只是他在聆聽與處理資訊的一種方法。

## 在會議中跳探戈

　　紐約時報暢銷書《別自個兒用餐》（*Never Eat Alone*）與《誰在背後挺你》（*Who's Got Your Back*）的作者、同時也是法拉利綠訊行銷諮詢顧問公司（Ferrazzi Greenlight）的創辦人暨執行長啟斯・法拉利（Keith Ferrazzi）表示，傾聽很有用，因為如果你想要在某個情況下拿出自己最好的表現，就需要盡可能考慮到會議中另一方的狀況。他認為，讓別人相信你是真正想要改變他們的生活，是很重要的。

　　法拉利分享了一項工具，可以讓你跟你要傾聽的對象發展出更深層的關係，這項工具就是想像力練習：想像你開會所要面對的人，是你人生中最重要的人之一。如果你花時間思考過你能夠幫助他取得成功的所有方法，那你走進會議室時，臉上將會帶著一個大大的微笑，就像法拉利所說的：「你會製造出一種親密感、連結感、期待以及可能性，而且會有一種真實、有所收穫的感覺，覺得這個人跟你是『一夥的』。如果你帶著這種能量進到會議室裡，就會贏得勝利。」他還補充道，你應該要將每段互動視為共同創作。永遠不要在開會時試圖兜售你的想法；進到會議室的時候，要想著你是在跳探戈，他說：「有時候你的舞步往前，有時向後，但最終那就是一種互動，而其產出的是具有革新性的成果。只要你懷有力量、幹勁和注意力，那會議就會進行得很順利。」

## 傾聽那些不贊同你意見的專家

橋水基金（Bridgewater Associates）創辦人、億萬富翁瑞‧達利歐（Ray Dalio）管理著 1,500 億美元的全球投資額，他分享道，讓他致富並獲得成功的策略之一，就是傾聽那些與他意見相左的聰明人。達利歐喜歡個別對專家提出質疑，也鼓勵他們在深思熟慮後，對彼此提出反對意見，如此一來，他就可以獲得更完整的資訊，並提高他「做對事情的可能性」。在跟多位獨立的思想家談過之前，他不喜歡先假設自己是對的。他建議，你要找出「那些最聰明、也最反對你意見的人，讓他們替你的想法做壓力測試。如果他們不贊同你的意見，那麼在這種意見分歧下的對話將會深具啟發性，這是讓自己學習的最快方式。」[62]

## 接受即創意

恩尼斯‧路賓納奇分享道，他的導師之一湯姆‧卡羅爾（Tom Carroll，TBWA 全球廣告的前執行長）跟他說過，李‧克勞（Lee Clow，TBWA 董事長兼全球總監）總是強調這一點：「創意即接受度。」創意的強化，是透過某個可以娛樂他人的點子，並給它一次機會。路賓納奇注重的是傾聽他人，而每當遇到眼光狹隘或是總愛唱反調的人，他都會感到很挫折。比方說，當他在會議上做簡報時舉出例子：「你知道的，這就像你在喝咖啡的時

候……」然後有人會打斷他說：「我不喝咖啡。」或者是當他說：
「你懂的，就像《怪奇物語》裡那個……」然後有人就會說：「我
沒看過。」僅只是因為一個人不喝咖啡或是沒看過網飛上觀看次
數最高的節目，並不代表這些參考值需要被換掉；對方可以繼續
聽下去，保持接受的態度來看待這些細節背後的高層次點子，就
算這對他來說並沒有特別吸引人。路賓納奇表示，最聰明的人很
清楚他們並非世上唯一一個消費者，他們會思考：「我自己愛不
愛喝咖啡不重要，我自己有沒有看過那個節目也不重要，我要繼
續聽下去，才能掌握那個更高層次的概念。」

## 歡迎光臨 FBI ——現在，閉上嘴、用心聽

　　FBI 前國際人質談判首席官克里斯・佛斯（Chris Voss）說
道，「積極聆聽」在商業談判中相當關鍵，以下有些基礎原則：

1. 聽聽對方有什麼話要說，不要插嘴、反駁或「評價」。

2. 做出簡單的回應，表示你真的有在聽。你可以說：「是
   的」、「嗯」，然後點點頭。

3. 重述對方說的內容，但不要太生硬。這麼做會顯示你能
   理解他們的參考框架。

4. 提問，以此展現你有在注意聆聽，也有助於推進這場討
   論。63

　　我推薦你練習積極聆聽的技巧，為期一週。你在練習的同時，要按照下列步驟，將你觀察到的東西寫成日誌：

- 堅持進行積極聆聽，並觀察身邊的人。
- 嘗試看看用 90% 的時間來傾聽。
- 注意身邊的人有多少是真的在聽別人說話，又有多少人只是在等待什麼時候換他們說話。
- 練習保持中立。對於其他人的回應，不要有情緒化的反應。試著理解對方的觀點（即便你極度不同意他的說法）。
- 思考後再提問。
- 注意大家被問問題時的反應。當你對他們表現出興趣時，他們是不是看來既坦率又興奮？

　　如果你練習積極聆聽，並進行上述的演練，你將會發現成果相當令人驚豔。你不只會發現有多少人沒有花時間真正聽別人說話，也會驚訝於你跟他人的連結變得有多緊密。不要只表達個人觀點，而是要專注聽對方說話，光是這一點，就能讓你建立起很堅固的連結。如果你經常練習，並且在會議中持續專注聆聽，就更有機會贏得新的生意。

## 學會讀心術，就像運動選手的教練一樣

彼得・帕克（Peter Park）是白金健身俱樂部（Platinum Fitness）的老闆，同時也是《回彈：重獲力量、輕鬆活動、生活無極限——任何年齡都做得到》（*Rebound: Regain Strength, Move Effortlessly, Live without Limit—At Any Age*）的作者。他的客戶包括億萬富翁、名流以及知名運動員，像是自行車手藍斯・阿姆斯壯（Lance Armstrong）、六次拿下美國職棒大聯盟全明星的賈斯丁・韋蘭德（Justin Verlander），以及企業家伊隆・馬斯克。

帕克的事業是從他在聖塔芭芭拉（Santa Barbara）的聖法蘭西斯醫院（St. Francis Hospital）擔任物理治療助理開始的。他是一個害羞的大男孩，對於要叫大家下床進行物理治療運動，讓他感到很緊張。他負責的很多患者都不好相處，因為他們的狀況很嚴重、身體正承受著疼痛；事實上，其中有些人還會對著帕克大吼大叫、甚至吐口水。

這份工作逼得帕克必須走出舒適圈，還得跟各種族群、各種社經背景、各自用不同方式感知這個世界的人進行交談。漸漸地，他學會解讀不同類型的人，也開始更能理解肢體語言和各種行為；當他面對那些脆弱且壓力很大的人時，這一點尤為重要。

帕克從一個害羞內向的人，變成跟誰都可以互動的人。他後來成為一名私人健身教練，而他的客戶都覺得很輕鬆愉快——因為他們剛開始並不會經歷太多疼痛感，而且通常會產生想要健身

的渴望。最重要的是，那段在醫院的經歷使得帕克成為一名非常厲害的傾聽者，而這是一個關鍵因素，讓他有能力拿下很多高層級的客戶，並維繫著客戶關係。

你要利用你經歷過的每份工作，讓自己變得更能理解他人。你永遠都猜不到這些資訊會帶你走多遠。傾聽與觀察他人，會讓你在各方面都能有所提升，成為更好的商業人才。

## 撐過與天狼星 XM 控股和巴瑞・迪勒的會議，以及冥想的重要性

我有一次跟天狼星 XM 控股（SiriusXM）開會，整場會議糟糕到不行。一切的開始，是因為他們希望有人協助把流量導到他們正在建構的新平臺上。剛開始，我跟公司高層幕僚談得很愉快，因此他們安排了一場會議，與會者是正在製作平臺的開發人員。

不幸的是，開發人員無法秉持開放的態度聆聽社群媒體的聲音，以及廣告會如何把流量導到網站上。當他看不見我提出的內容有什麼價值，也就不想要投資。我一直試著解釋社群媒體運作、導流，以及提供價值的方式，但他不停打斷我，也不聽我說話。

最後，我放棄了。我說：「好吧，我幫不了你們，我不曉得你們要我做什麼。」然後挫折地離開會議室。因為我的決定，

最後我沒拿到那筆生意，這讓人很失望。雖然我不認為我們適合一起合作，但我其實可以把那個狀況處理得更好。我應該要深呼吸，更努力地理解開發人員的觀點。我本可以不要有那麼強烈的反應，並且對這次會議心存感激，而不是直接走掉。

回首過去，我意識到這件事發生的當時，我壓力很大——不像現在過著健康的生活；當你感到壓力很大又很疲累，你在思考或是處理事情時，就不會像是你有好好照顧自己時那麼清晰。這也是我冥想的原因之一。冥想是一項工具，使我保持身心平衡，也讓我成為一個更好的傾聽者。這非常有幫助，因為會讓我的大腦慢下來、提高覺察力，這對於面試、會議及演講來說，都是很實用的技能。如果你時常進行冥想，就算每天只有 10 分鐘也好，你在重要場合就更有機會專注於當下，也會更善於吸收最重要的資訊，而且無論狀況如何，都能保持冷靜。

啟斯・法拉利也同意這一點。有一次，他要跟巴瑞・迪勒（Barry Diller）見面，迪勒成立了福斯廣播公司（Fox Broadcasting company）和美國廣播公司（USA broadcasting），他現在是 IAC（InterActiveCorp）和 Expedia 集團的資深高層。法拉利跟迪勒一起進了電梯，法拉利很緊張，開始眼冒金星，跟這位媒體界代表人物的會面，讓他非常畏縮害怕。為了讓自己冷靜下來，法拉利出了電梯，走進一座電話亭裡開始冥想，直到他不再眼冒金星為止。接著，他就邁開腳步走進會議室，跟迪勒進行了一場有成效的會議。

　　如果你發現自己在重大會議或是活動之前，感受到極大的壓力或焦慮，我推薦你聆聽一則自我催眠的音訊內容，由史蒂芬・格葛維奇（Steven Gurgevich）所製作，叫做〈催眠排練〉（*Hypnotic Rehearsal*）。格葛維奇製作了許多自我催眠的錄音內容，長度在 15 到 20 分鐘不等，並涵蓋了許多不同的主題。這些內容基本上都是引導式冥想，他會帶你走一次會議的彩排，或是想像你身處於那個空間裡是自在的。這些引導你自我催眠的錄音檔，會誘導潛意識相信你進入的是一個舒服自在的情境。

　　進到會議室時，拿出最好的自己，將有助於你傾聽對方。如果你心神不寧又很焦慮，或者前一晚沒睡好、很疲累，你就無法提供完整的價值。照顧好自己，才能照顧好你的客戶（到頭來，這也是照顧好自己的另一種形式！）。

## 那不是追蹤者──那是一個活生生、會呼吸的人

　　你要改變你的想法，從「我是來銷售或宣傳我的產品或服務」變成「我是來傳遞價值的」。如果你在製作內容時沒有思考受眾的渴望和需求，就不會成功。你一定要知道他們是誰、想要什麼，以及你可以提供哪些價值給他們。

　　納文・構達也說，你的目標不只是要理解受眾有哪些種類或主題的需求，也要觀察受眾在內容行為方面的需求。舉例來說，

如果有一位女性因為信仰健康的生活方式，非常熱衷於喝無糖咖啡，而你正在製作的內容，想要觸及的就是這類的人，那麼你不僅要知道她喝咖啡的偏好，還要知道像她這樣的人在其他生活風格方面會做的選擇；更重要的是，她對於經常出現在動態牆上相同類別的訊息，在溝通風格上會有什麼樣的期待。比方說，若她對於健康的生活風格有興趣，就會觀看「Goodful」粉絲專頁。Goodful 的影片會提供一些不錯的點子給那些沒什麼時間好好休息的人，而且很快就會講到重點，並持續提供價值，也不會被認為是行銷用的內容。使用者接收的是完整的體驗，而上述這位女性很可能會渴望此類型的內容設計。

好好做研究，這點非常關鍵。透過仔細審查你想要觸及的受眾經常觀看的內容，就能進行許多觀察和推論。構達認為，內容創作者之所以會失敗，最主要的原因就是忽視了這些線索。比起花時間推論，他們其實是試圖把自身風格強加到內容之中，或是忽略整個內容的生態。

你應該試著避免這類的錯誤。如果你有在注意，並認真做研究，社群媒體就能協助你邁向成功——這項工具能讓你同時接觸到大量的人群與數據。就像在第三章討論過的，你可以仔細檢視自己影片的數據分析（以及別人影片的數據），以期更理解受眾的口味。透過競品分析，找出那些內容創作者（他們已觸及過你**想要觸及的群眾**）為什麼可以產生良好的成效。除了分析那些被分享了 10,000 次的影片，也要分析那些只被分享了 100 次的影

片。這樣的調查和研究，會讓你獲得大量有效的資訊，也會更了解受眾感興趣的話題、需求、能吸引他們的內容風格，以及他們的痛點所在。

在臉書、Instagram、YouTube 或是 Tubular 上做研究時，我建議輸入跟你的品牌相關的關鍵字，接著尋找觀看數最高的影片。你要更深入調查，找出能夠產生自然流量的影片，而非因為買廣告而有好成效的影片。比方說，在臉書上，你可以用分享數跟觀看數的比率來找出這類影片

——一般而言，一支擁有百萬觀看量的影片，觀看與分享的比率大約是 1%左右，這樣就算很強了。

右圖是一個觀看分享比很高的例子，這支影片的觀看數有 5,300 萬次，而且被分享了 150 萬次，這證明了這支影片的觀看次數是自然產生的；假如這支影片的分享數只有幾千次，觀看與分享的比率較低的話，我就會認定這支影片的觀看次數來自於付費廣告，或是因為被張貼在另一個追蹤數龐大的臉書粉絲專頁

上，才能帶來如此高的觀看次數。一般來說，一支影片的分享次數愈高，就代表該影片的概念愈強，且觀眾的接受度愈高。當你找到分享數最高的影片時，要仔細分析那些影片，看看為何成效這麼好，問問自己：「是什麼樣的內容與定位方式，使得這則內容大獲成功？」

你也可以用 Google 搜尋趨勢（Google Trends）、Reddit 以及 Google 新聞，研究一下哪些主題或內容風格是眾人會檢索並感興趣的。等你掌握了這些主題和風格之後，看看能不能把趨勢與你的產品或服務連結在一起，進而打造出鉤引點和故事。再說一次，如果你花時間做研究，就可以把那些從零開始發想內容的人，遠遠地甩在後頭。

當凱蒂‧庫瑞克準備要訪問 DJ 卡利這樣的名人時，我們會去 Google 搜尋趨勢、臉書和 Instagram 上看看有哪些關於他的熱門內容，這能讓我們理解其他人是怎麼定位與 DJ 卡利相關的標題和內容，也能讓我們獲取一些線索，以了解什麼東西有效、什麼無效，如此一來，我們就可以發想出最強力的鉤引點。我們會檢視那些以極高速度轉發的社群媒體貼文，以理解 DJ 卡利的受眾會對哪些東西感興趣；這些研究替我們省下了大把的時間。

你用來發想故事的熱門主題，不一定要跟你的品牌有直接相關性。即便看似沒有相關性，你依然能將產品或服務與這些熱門話題連結在一起；這端看你如何聰明地讓兩者之間產生關連性。

有一個成功案例正是根據熱門話題來製作內容，而且話題

跟品牌本身無關，那就是分享力公司替必勝客和百事可樂製作的宣傳影片，標題是「自拍棒的危險性」（The Dangers of Selfie Sticks）。這支影片是以公益廣告的形式，加上愚蠢好笑的表達方式來呈現自拍棒的危險性。布朗斯坦團隊的靈感來自於自拍棒在當時是個熱門話題：因為迪士尼樂園才剛剛禁用自拍棒，而必勝客正要推出一個大約 60 公分長的披薩，所以他們想出了這個概念——你需要用一根超級長的自拍棒，才能跟這個長得不可思議的全新披薩自拍。透過這種搞笑的方式來建立連結，並且詼諧地模仿一般自拍的行為，這支影片在 YouTube 上爆紅。該影片在當月發布後就成為全球分享次數最高的廣告，而部分原因是「自拍棒」一詞在當時影片熱門搜尋中的關聯性。

　　數位內容策略師納文‧構達提醒我們，將溝通設計研究得愈透澈、吸收愈多厲害的內容，就愈有能力創作出相關的內容。除了傾聽相同領域裡其他內容創作者的想法，你自己也需要成為一名使用者，並觀看那些能觸及你的受眾的同類型內容。

## | 要點提示與複習 |

- 傾聽有助於你發掘鉤引點、故事以及產品，可以替潛在客戶最常見的問題提供解決方案。

- 提出大量問題，以釐清潛在客戶真正的需求是什麼。不要用猜的，也不要以為自己知道他們想要什麼。

- 不要用固定的話術來提案。在呈現故事、產品和服務的方式上要有彈性。

- 對著你信任的商業夥伴練習你的鉤引點，並評估他們的反應。

- 傾聽與娛樂他人的能力，會讓你更有創意。

- 積極傾聽會讓你贏得新的生意。

- 在創作內容時，要思考受眾的渴望和需求。轉換你的心態，從「我是來銷售或宣傳我的產品或服務」，變成「我是用我的產品或服務來傳遞價值」。

- 使用 Google 新聞、Google 搜尋趨勢、Reddit、YouTube、Instagram、Tubular 以及臉書，研究那些大眾檢索並感興趣的主題和內容風格。

- 經常對社群媒體上熱門的內容形式和概念進行競品分析，以節省時間，並創作出更好的內容。

# 第七章

# 我的一切，免費送你

## 如何提高人們對你品牌的需求

H OOK POINT

　　價值是所有成功事業的核心。如果有一項產品或服務無法提供價值，就不該存在，這也就是為什麼知道如何呈現價值，是鉤引點和說故事過程中很關鍵的一個部分。如果你有辦法用合宜的方式來強調並包裝一則訊息，就可以吸引到關注、獲得更多訪談機會、在會議上表現得像個超級巨星，也更有機會創作出更有效的內容，帶來大量觸及，並說服潛在客戶回應你的陌生開發郵件。

# 打破框架，帶動需求

　　無論你行銷的是什麼，價值都應該要內建在其中，而且通常都是跟你的產品或服務相關、但超越框架的概念，才能讓你的產品和競品之間產生差異。以產品的功能性來說，這些獨特的優勢不一定都是必要的，卻能讓你脫穎而出，並提供一些特殊的東西，進而成為一個鉤引點，替品牌帶來大幅成長。關於如何使用跳脫框架的價值來打造有效的鉤引點，我們來看一些例子：

### ↘女神卡卡：怪獸媽與 LGBTQ 社群

　　十多年以來，女神卡卡（Lady Gaga）利用了超越框架的思維，讓自己澈底脫穎而出，成為全球大明星。舉例來說，她曾經聲援 LGBTQ（女同性戀者、男同性戀者、雙性戀者、跨性別者，以及酷兒或對性別認同感到疑惑者）社群，並以獨樹一格的方式展現她的支持。2009 年，她因為歌曲〈撲克臉〉（*Poker*

Face）獲頒 iHeartRadio 音樂錄影帶獎，她在領獎時感謝了「上帝與同志」，這看似是一個很單純的說法，但與大部分的得獎感言比起來，這很新穎又具有原創性。

女神卡卡參加過全國平權大遊行（National Equality March）和人權宣傳大會（Human Rights Campaign），這證明了她對這個族群的忠誠。[64] 有了「怪獸媽」（Mother Monster）這個綽號，她在她的「小怪獸」——也就是她的粉絲之間——就有了一個定位。她表示「小怪獸」一詞是來自於她對死亡、酒精和毒品的恐懼，而這是一個完美的行銷工具，可以用來吸引那些位於社會邊緣的人、不適應這個社會的人、LGBTQ 社群，以及其他的邊緣族群。她跟粉絲的溝通方式是具有原創性的，而且在某種程度上相當具有革命性。

女神卡卡倡導一個人要與眾不同並脫穎而出。她讓她的粉絲感到有力量，並給予他們非常大的價值：讓他們覺得自己夠堅強，可以抬頭挺胸做自己。她跟這些團體裡的人建立起連結——她讓他們感覺到有人（她）理解他們，並且替他們創作音樂，而她也藉此建立了自己的品牌。

## ↘白金健身俱樂部的直升機停機坪

我目前正在跟彼得・帕克合作，就是私人健身教練兼白金健身俱樂部的老闆。如同先前所說的，他跟藍斯・阿姆斯壯、伊隆・馬斯克等客戶合作過。雖然他跟大明星和運動員一起工作

過，並時常利用這一點作為鉤引點，但他依然經常測試新的方法，以抓住群眾的注意力。

帕克的健身房位於洛杉磯，其中一個優勢，也是他在社群媒體上強調的亮點之一，即健身房所在那棟樓頂的直升機停機坪。帕克可以使用這座停機坪，也會在訓練過程和課程中使用它。這是他的公司獨具的差異性元素，因為世界上沒有幾家健身房擁有直升機停機坪，而且還可以在上面健身。我們拍攝了會員在這座停機坪上健身的影片和照片，背景非常漂亮，是整座洛杉磯城市的景觀，這些素材被用在臉書及 Instagram 上會帶來潛在客戶的策略性廣告活動中。我們認為，這個鉤引點會提高帕克的新健身房的知名度，因為我們活在一個自拍／社群媒體的世界。我們相信，人們將會感到相當興奮，因為他們有機會錄製自己在停機坪健身、同時遠眺整座洛杉磯市的影片──能拍攝這樣的照片本身就是一個鉤引點。接著，等到群眾圍聚過來之後，彼得和他的健身教練們會讓大眾看到，他們之所以能名列世上最頂尖的健身教練，背後真正的魔法是什麼。這些大眾將會變成私人客戶，除此之外，參加課程的人，會用他們在停機坪上捕捉到的畫面和內容當作鉤引點，應用在個人的社群頻道上（向社群上的追蹤者炫耀這種體驗），而這也會變成彼得的健身房含金量最高的一種廣告──口耳相傳的口碑。

## ↘總而言之

在女神卡卡和白金俱樂部的例子裡，這兩個品牌都明白，如何結合具原創性的鉤引點跟某種可提供具體價值給受眾的東西。你要把自己推出框架之外，看看你該怎麼做，才能做到同樣的事。你有沒有什麼真的很獨特又具有原創性的東西，能讓你脫穎而出、向顧客述說有趣的故事呢？（假如你在發想跳脫框架的點子時遇到困難，我提供了私人策略會議來協助你實現這個目標。若你有興趣，請透過電子郵件聯絡我：bkane@brendanjkane.com。）

## ↘為什麼我們應該拋棄電梯簡報話術

若要快速抓住他人的注意力，你在製作內容或是開會的時候，便不該把注意力放在銷售上。大家都熱衷購物，但都討厭被推銷——這也就是為什麼你應該要把注意力保持在提供價值上。如果你沒做到這一點，反而將注意力放在銷售上，那麼你溝通的對象就會察覺到，然後會開始變得煩躁，想要把注意力轉移到其他地方。

這也就是我之所以不熱愛電梯簡報話術的原因。話術的定義是：「簡報或廣告，尤其是指以高壓的方式為之。」[65] 基本上，這幾乎是在強迫某個人要買些什麼。反之，你應該要使用本書提供給你的工具，有條有理且清晰地表達你的價值主張，用鉤引點和故事來取代話術。

不過，我要先說清楚一件事，我當然理解你的終極目標是要

**銷售**一件產品或服務——我們做生意都是為了要有營收。但是，比起專注在銷售產品或服務上，你需要把注意力放在利用產品或服務的**價值**，並判斷這個產品或服務能如何解決某個特定的痛點或問題。用來**銷售**的語言跟用來**傳達價值**的語言之間，有著天壤之別。

## 利用價值跟 A 級客戶建立連結

我在全球最大的科技活動網路高峰會上演講時，逮到機會訪問了約翰·塞弗特（John Seifert），他是行銷廣告暨公關公司奧美集團（Ogilvy）的全球執行長。當我遇到他時，我詢問他，在他所有的訪談中成效最好的片段，觀看次數是多少。他回覆道：「全國廣播公司商業頻道（CNBC）的訪談，有 200 萬次的觀看數。」我向他保證，他跟我進行的這段訪談將會觸及更多人，因為我會將當初跟凱蒂·庫瑞克合作的那套方法（關於內容分配和測試過程），應用在這段訪談中。我並沒有進行一般性的媒體採訪（他那天可能已經做過數十次了），而是帶來更多價值；也因為我做出一個大膽的宣言，並講了一個具體的故事，說明我將如何達成這件事，進而在他與奧美集團行銷長的面前脫穎而出。此外，由於我遵守了這個承諾（那段訪談有 210 萬次的觀看量），因此讓我能夠跟大公司裡的另一位知名的執行長產生連結。

藉由提供價值，你可以創造出雙贏的局面，這會讓你幫助到

別人，而且當你真的幫助到他人時，他們通常也會想要回報你。這就是為什麼提供價值是一項很棒的工具，可以協助你獲得或維持新的生意。

## 這裡需要幫手——無經驗可！

你不一定非得要經驗豐富才能為別人提供價值——在事業生涯的各個階段中都做得到。我剛開始在湖岸娛樂當助理時，負責協助電影《快克殺手》（*Crank*）的社群宣傳活動。當時，我遇見以《偷拐搶騙》（*Snatch*）、《玩命關頭：特別行動》以及《玩命快遞》（*The Transporter*）和其他著名電影而廣為人知的演員傑森·史塔森（Jason Statham），他看到了我在做的工作，並詢問我要不要去他家，為他做一次社群媒體策略的諮詢。這個出乎意料的要求，在那時感覺是件大事——特別是因為我當時正試著要跟史塔森建立工作上的關係。藉由與他開誠布公地溝通，並為他帶來價值，這個機會就這樣出現在我的眼前。

即便只是一名剛入行的助理，我仍然取得了一位成功的電影明星的信任，並建立起信用；而我所做的，就是看看我能替他帶來何種價值、提供哪些幫助，並且把工作做好。策略諮詢結束之後，史塔森意識到，在投身於這件事並努力維持社群聲量之前，他還有其他想要優先執行的計畫；這是 2008 年的事，社群媒體之戰才剛剛開始，所以他把注意力放在別的地方。即便這場會晤

並未替我帶來更多工作，但我所提供的價值，依然讓我獲得大部
分的人夢寐以求的機會。

## 如何 35 度登上《奧茲醫生秀》

　　若想要獲得在媒體上曝光的機會，睡眠醫生麥可・布勞斯
分享了一個關鍵點──你必須是一個好的約會對象。他的父親告
訴他：「你要當個好的約會對象。不管你覺得來不來電，都要溫
和有禮，因為她們總是有其他朋友。」布勞斯聽從了這項建議並
放在心上。他跟自己做了一個約定，就是他絕對會認真做事，
並好好對待他遇見的每個人，因為你永遠不會知道他們最後會
有什麼發展。採納了這則建議，對布勞斯大有好處。他在《奧
茲醫生秀》的初登場機會，是來自於他在另一檔節目《醫生》
（*The Doctors*）所認識的製作人。這位製作人最後來到《奧茲醫
生秀》；由於他已經知道布勞斯的工作成就，也很信任他，於是
帶他上了這個節目。

　　除了當一位好的來賓，布勞斯還提供了附加價值，他向該
媒體公司裡任何有睡眠問題的人提供免費諮商；他認為這個附加
價值會讓他再度受邀在媒體上露臉。當你對個人而非公司提供幫
助，他們就更有可能會信任你。他們會感謝你的幫忙，也會想要
大聲宣傳你的產品或服務，以此來回報你。

　　很重要的一點是，布勞斯提供幫助時，並未期待獲取任何回

報。再說一次：**他沒有預期要獲取任何回報。**他只是提供建議而已，因為他很重視自己的工作，也希望大眾可以改善睡眠並享受更好的生活品質。正是他想要幫忙的這份真心，讓他建立起可靠的信用，也讓他獲得更多在媒體上露臉的機會。

## 拿到一流工作機會的祕密

我的父親吉姆・肯恩在芝加哥老牌的律師事務所工作，他是首批被僱用的律師之一（他沒有常春藤名校或一流大學的法律學位）。這家事務所的歷史可以追溯到南北戰爭時期，而且大部分在此工作的律師，傳統上都是從常春藤聯盟法學院畢業的。客戶來到這裡，是為了尋找最厲害、最聰明的律師，這也是為什麼律師是從哪所學校畢業，在當時極為重要。但是，到了 1990 年代，客戶開始演變成不只是尋找知名法學院畢業的律師，也會找尋可以帶來附加價值的法律代理人──他們希望找到一種律師，能將他們介紹給可能成為潛在生意夥伴的個人和公司。

在從事私人法律服務之前，我父親是在芝加哥市擔任不動產主任，擁有相當豐富的經驗。當時，他跟政治界與房地產界許多有力人士都有聯繫，有著頗為深厚的關係。當他去應徵這家聲譽卓著的律師事務所時（最後他也成為事務所的合夥人），他行銷自己的方式，不只是強調自己是一名成功的律師，也提及他在人脈與工作上的關係，而這有利於法律事務所拓展客戶群。

　　最後，我父親開始參與事務所僱用新律師的流程。有很多應徵者都是國內頂尖大學畢業的，但他不建議僅僅因為某個人畢業於某所學校就進行聘用。他對於應徵者的人際交流技巧，以及他們對於法律專業觀點的說明更感興趣；對於應徵者會如何跟現有客戶及潛在客戶溝通與互動而言，這能讓他有更完善的見解。他在尋找的律師，必須具有卓越的人際技巧與潛力，可以在未來發展出新的生意。他在面試時會問一些問題，以理解應徵者的思維，並確認他們在面對現有客戶與潛在客戶時是否足夠靈活。最重要的是，我父親知道應徵者能夠徹底掌握所有知識，但如果他們無法有效地溝通與發展人際關係，進而替事務所帶來新客戶和更多營收，那麼這些知識也只是枉然。

　　生意是奠基在關係上的，建立並維繫這些關係的能力至關重要。很多時候，你對潛在的雇主或客戶來說之所以有吸引力，不只是因為你在工作範圍內所提供的價值，也是因為你透過人脈和技能所帶來的附加價值。

　　因此，花點時間把自己的背景、額外的技能和經驗寫下來，我相信你一定會對於自己可以提供多少附加價值，感到驚喜不已。你要確保在你的鉤引點和故事中強調這些特質。

## 為什麼 99％的人在找工作時會失敗

　　當人們試著拿下新生意或是尋找新工作時，有 99％的人會

失敗，因為他們在接觸潛在雇主時，只會想著自己的需求；他們不會想到每天都有很多人用同樣的方式跟經理人或決策者接觸，並期待從他們那邊得到一些東西。跟經理人或決策者談話的人當中，只有不到 1％的人會去思考對方想要或需要什麼；99％的人會忘記對方也有自己想要解決的問題。

當你在找工作，或是與潛在的新客戶交談時，要抱持這種態度：「我可以幫上什麼忙嗎？」而不是：「拜託請給我工作。」如果你把注意力放在你可以替他們做些什麼，而不是他們可以給你什麼，你將會獲得更好的回應。

＊　＊　＊

## 如何殺出重圍，拿下任何工作

若要找到好工作或是獲得升遷，證明自己的工作能力並沒有那麼重要，重要的是建立信任感與穩固的關係。事實上，在安永會計師事務所（Ernst & Young）和勤業眾信聯合會計師事務所（Deloitte），經由員工推薦的人選，占招聘人數的 45 ～ 50％；而進到面試關卡的人當中，有推薦人的應徵者比其他應徵者的錄取機率高出 40％。

這是因為雇主會聘用可以成為朋友的人。很多招聘決定都是取決於一個人的態度，而不是才能。人們看到同事的時間，比看到另一半、孩子和自己朋友的時間都長。你可能很聰明，但你同時也需要在日常工作中好相處。

若想要讓任何人信任你，其祕訣不在於他們可以替你做些什麼，而在於**你可以滿足他們哪些需求**。因此，思考一下你渴望進入的那家公司裡的人有什麼需求，常見的需求包括：

- 強烈的職業道德
- 值得信賴
- 相處起來很愉快
- 創意思維
- 具有說服能力
- 好聊的人
- 在乎同事、會替同事著想
- 專業知識（例如科技、社交人脈、會計等等）

試著想想，你要如何滿足你希望合作的對象的需求。如果你認為自己沒有任何拿得出手的東西，那你就錯了——每個人都有拿得出手的東西。有很多各式各樣的才能，包括看似簡單的傾聽能力，或是擁有同樣的興趣或熱忱。找出你擅長什麼，以此為出發點來建立有利的連結。

## 符合需求的練習

花 10 分鐘的時間，將你擅長的事情條列出來，包含個人及商業上的技能：

- 商業方面的例子：寫作、公開演說、策略、內容製作、分析、數學、會計等等。
- 個人方面的例子：衝浪、很會照顧寵物、高爾夫球、逗笑其他人等等。

　　當你在跟潛在雇主或客戶談話時，要記得這些技能。用策略性的角度思考這些技能會如何幫你建立更強力的連結，而且面試時要放在心上。要注意，假如有些技能組合對桌子另一頭的人來說沒有價值，就不要使用不相關的技能。例如，如果是面對嚴肅的人，不要一直試著說笑話；假若想要應徵寫作相關的職位，不要談論自己數學有多好——除非你是替媒體公司服務，而且他們很在意數字。若你能提供真正的價值給身邊的人，最後就可以獲得你夢想中的工作。

＊　＊　＊

## 幸福的祕密（工作版）

　　人們會喪失與厲害的員工和服務供應商合作的機會，是因為沒有意識到他們想僱用之人所擁有的價值。如果你擁有可提供價值的東西，但潛在客戶或雇主卻試著想要跟你談判，或者不認同你所值的價格，那這可能就不是適合你的位置。沒錯，客戶和雇主會付你錢，但錢不是一切。如果一家公司讓你覺得自己不被賞

識，那他們就是沒有給你**足夠的價值**，而你應該離開。

就我個人而言，工作的目的不只是為了一張張薪資條，而是為了那些欣賞我所提供的價值的客戶。如果他們不欣賞，那即便他們能夠滿足我的財務需求，也不值得我跟他們一起工作，因為他們無法滿足我在心理和情緒上的需求。當你是僱用人才的那一方時，這一點很重要。如果你欣賞你所僱用的人，就更有機會吸引到頂尖人才。

## 不要再騙自己了──所有產業都是服務業

分享力公司的布朗斯坦曾經說過：「如果你想要過著滿足又幸福的生活，就要有為人服務的真心。」他把這些原則擴展到自己生活中許多不同的層面上。他認為，在商業會議中，若能著重於提供服務，就可以贏得那場會議。如果你是真心想要協助他人，就能走得很遠。事實上，他曾經跟一群中階主管開過會，並告訴他們，如果他們與分享力公司合作，他的主要目標就是看到他們有所提升，而這實際上已經發生過好幾次了。

布朗斯坦也相信要將自己最棒的點子和見解分享出去。他推薦帕特里克・倫喬尼（Patrick Lencioni）所著的書《赤裸》（*Getting Naked*），這是一本商業寓言，關於一家擁有大量業務的顧問公司，他們跟潛在客戶開會時，不會帶著一大疊資料或簡報──他們會用非正式的方法與潛在客戶聊天、問很多問題、提供點子，

並用這樣的心態來開會：「我們已經在合作了。」基本上，這則寓言故事表現的是，顧問是如何以真誠想要幫忙的心來贏得生意。

## 不要扮演受害者

同樣的訊息，可以用很多不同的方式表達。在商場上包裝資訊時，要聚焦於分享對方能夠獲得的利益，如此一來，你就不會被認為是在追求私利。我曾經聘請過一位外包人員，而他不懂得如何包裝資訊以提供價值給顧客，他只會從自身觀點來呈現資訊，並解釋情況是如何對**他自己**有利；他甚至會說自己在財務上有多吃緊，想博取客戶的同情，以求拿到更多的生意。這不是一個好的策略——你不會希望有人跟你做生意是因為他們同情你。你希望你的才智、能力、產品或服務足夠優秀，使得其他人一定要跟你合作。

最後，我也結束與這位外包人員的合作。當他還在替我工作時，一度提出希望可以提高他的薪資，好讓他僱用更多人，並註冊一些平臺，這會「讓他的工作容易些」。他在提案裡使用的語言是無效的，這樣的提案完全只聚焦在**他需要、想要什麼**；要是他實行把注意力放在客戶身上的做法，就能用另一種方式提出同樣的計畫，而這會讓我覺得只要付更多錢，就可以從他的服務中獲得更多。他其實可以說：「我正在升級我的服務並提高成效，你也會因此受益，原因是 X、Y 還有 Z。不過，為了交付更高等

級的成果給你，我需要提高收費的費率，以支付我提供更高層級
服務所需的必要開銷。」假如他是用這種方法來呈現他的資訊，
我對於他的想法的接受度可能就會提高許多。

　　因此，不要扮演受害者的角色，不要試圖讓大家同情你，而
且不要只顧著一己之私。相反地，要發揮你的長處、永遠都要站
在對方的立場思考。我們都想要跟可以提供價值的人共事。

## 我超愛回家功課！替關鍵性的會議做好準備

　　《傻瓜書》系列的創作者約翰·基庫倫建議，在跟別人開會
之前，要先做好該做的實地查核。如果你有好好做功課，就能提
供更多價值給潛在客戶。你要找出你們有沒有任何共同的連結，
也要研究一下他們的市場。假設有一些即時的解決方案，能夠解
決人們甚至尚未認知到的需求，他們就會願意掏錢。如果你能找
到這樣的需求，就可以畫出藍圖，跟對方說他們缺乏什麼，並且
為你的產品或服務訂出更高的價格。除此之外，基庫倫也建議跟
對方公司的顧客與員工談談，看看能否找到任何智慧的結晶，以
協助你提供價值。

## 如何在億萬富豪面前脫穎而出

　　根據美國勞工統計局的數據，2018 年，美國大約有 338,000

位私人健身教練，[66] 因此，白金健身俱樂部的老闆彼得・帕克能夠使自己與眾不同，並成為如此成功的頂級教練，這非常令人矚目。他認為自己對於健身的熱忱和喜愛，是他的價值主張中很重要的部分。人們都看得出來他是為了這份工作而活，他的熱忱也使他脫穎而出。在看到客戶進步之前，他是不會停下來的，不管對方是職業運動選手、億萬富翁，或是一個初來乍到、剛開始健身的人都一樣。當你專注在你有熱忱的領域，人們就會注意到你的能量，這也會替他們帶來價值——我們都希望覺得充滿熱情並受到啟發！客戶和顧客會很享受待在快樂又正向的人身邊。

## 莫頓鹽業和美國運輸安全管理局如何打造性感又有突破性的內容

對於客戶來說，覺得自己跟你的品牌有所連結是至關重要的。如果你可以跟觀眾建立起連結，無論是透過情緒、幽默、驚喜、興奮或是教育的方式，你就更有可能讓更多受眾跟你互動，而且他們分享你內容的比例也會提高。

任職於橋梁公司的艾美獎得主導演兼製作人邁克爾・約爾科瓦奇，從 2001 年起就開始跟黑眼豆豆（Black Eyed Peas）合作。他解釋道，他第一次遇見這些音樂家時，不只對他們歌曲裡的正面訊息感到印象深刻，同時也覺得主唱威爾（will.i.am）與任何類型的觀眾都能建立連結的能力，相當了不起。他在巴西演出的

時候，穿著足球隊的球衣；在墨西哥演出的時候，高舉墨西哥國旗。在吸引群眾互動以及挖掘能夠讓當地文化感到興奮激昂的東西上，威爾顯然是個天才。

有些人認為自家的產品或品牌很難使人感到興奮——約爾科瓦奇不認同；他認為任何品牌都有能力跟消費者建立連結。他引用了莫頓鹽業（Morton Salt）的例子，這個品牌有一些非常吸引人的內容，即便鹽巴不一定被視為是「性感」的主題。

莫頓鹽業跟一個名為 OK Go 的樂團一起製作了一支影片，鉤引點在於影片的開頭完整呈現了一個瞬間，大約持續了 4.2 秒，而在這段內容結束之後，接下來的影片揭露了這段 4.2 秒的片段，其實是一段更長、約 4 分鐘的內容的加速版，就銜接在這個 4.2 秒的開場之後播放。這段影片不管是以 4 秒鐘或是 4 分鐘的形式呈現都很成功（你可於此觀看〈OK Go ——這個瞬間〉官方影片：www.brendanjkane.com/okgo）。由於這支影片其實是由莫頓鹽業出資，所以該影片把莫頓鹽業跟一個很潮的樂團連結在一起，也讓品牌跟一個能讓群眾感到興奮的概念建立起連結——因此，這個鹽業品牌看起來很酷。

還有一個品牌也突破了重圍，製作的內容十分引人入勝，就是美國運輸安全管理局（Transportation Security Administration, TSA）。他們有個超棒的 Instagram 帳號，你可以去看看：www.instagram.com/tsa。這個帳號分享了既獨特又好笑的故事，內容是在講述人們試圖攜帶哪些瘋狂的物品闖過美國機場安檢，其中

包含楓糖漿、彈弓以及忍者手裡劍。美國運輸安全管理局將這些物品拍照上傳並搭配有趣的文案，警告大眾不要攜帶這些物件到機場。這個帳號目前擁有 100 萬名以上的追蹤者。約爾科瓦奇補充道，沒有人會認為美國運輸安全管理局有辦法做出突破性的內容，但是他們做到了。

這就是證據，證明只要你能創造出獨特的內容，可以向觀眾傳遞具有相關性的事實，那你就可能成功。如果消費者覺得自己跟你的品牌有所連結，他們就會選擇你的產品或服務，而不是其他人的。

## 不要把優格品牌跟寡婦綁在一起：品牌功能化的重要性

恩尼斯工業的恩尼斯・路賓納奇表示，他真的很喜歡 2020 年 Google 超級盃的廣告〈蘿瑞塔〉（*Loretta*），這支廣告是在述說一個男人的故事，顯然他的太太已經不在人世了，但他會用 Google 助理替他找出照片，與她重新產生連結。路賓納奇認為，這支廣告要表達的其實是：「我們的記憶，通常會比我們記憶中的人、地方或物品留存得更長久。」路賓納奇熱愛這支廣告，因為它並不是使用某種「借來的樂趣」，意思是這支廣告沒有試圖使用流行文化來娛樂觀眾。這不是那種刻意將某人對過世愛人的緬懷跟優格綁在一起的廣告（這對大部分的人而言並不太

能理解）；相反地，Google 的廣告有一個真實的理由，讓觀眾參與一段關於愛、失去、記憶，以及緬懷過往的對話。

你必須聚焦在品牌功能化上。換句話說，你的產品或服務對客戶來說，必須是有用且有意義的，而這應該是你在發想鉤引點和說故事時要專注的重點。這能讓你提供更多價值，並且讓他人對你的品牌產生需求。就像路賓納奇很愛說的：「品牌就是當你信守承諾時會獲得的獎賞。」因此，你要用行銷來建立你想要達成的承諾，並證明你會如何履行承諾。

## 如何打造一個價值數百萬美元的 T 恤品牌

我的朋友杰克・法蘭西斯（Zech Francis）創立了一個非常成功的 T 恤品牌，名為「協會」（Society），他也打進了一家名叫 Buckle 的大型零售商。我詢問他是如何讓自己的產品脫穎而出，他說他的辦公室就在北美最大的 T 恤印製工廠裡，這讓他隔夜就能設計並印好新款 T 恤，然後運送到 Buckle 的高層手上。這種處理訂單需求的速度，確實讓 Buckle 的團隊大開眼界，高層主管只要打一通電話請他改變設計中的任一元素，隔天馬上就能收到新品的打樣——這在時尚界可說是聞所未聞。這種等級的服務讓人更想要與法蘭西斯合作。事實上，在他從「協會」學習到一切的事物之後，2018 年他跟 Buckle 合作，推出一個名叫 Dibs 的新品牌。在 Buckle 長達 50 年的零售生涯中，Dibs 的品牌

成長速度是最快的——從零營收到七位數字的營業額，只花了不到 45 天。

　　你要釐清如何利用你的產品或服務來提供價值。想想看你可以提供哪些額外的價值，讓你的品牌脫穎而出。

## 舊式陌生開發已死，新式陌生開發萬歲

　　有時候，若要理解該怎麼做一件事情，最好的方法是先理解**不該**怎麼做，我們就從這裡開始吧。以下是一些糟糕的陌生開發案例，顯示寄件人並未把焦點放在對方的需求上，也沒有提供價值給對方；這些信件都是從寄件人的需求觀點出發所寫出來的。

　　右圖這名寄件人試圖將訊息粉飾成是他在提供價值，但其實只是在謀一己私利。

　　下頁圖的例子中，寄件人第一句話就是說**他想要些什麼**。而且，我已經有僱用工程師了；他完全不知道

我的公司在幹嘛，因為他沒有花任何時間去研究。這明顯是一封
大量寄送的罐頭訊息：

哈囉，布蘭登：

我計劃去洛杉磯旅行，如果可以順道拜訪你、更深入了解一下彼
此，那就太好了。過去 25 年，我一直都在軟體業，而且我有超
棒的方案，可以讓你符合預算，並如期達成規格要求。

我在客戶發展維護上，有超過百萬工時的成功經驗，而且我身後
有超過 100 名鬼才工程師在支援我。

如果你現在有任何科技需求，或者預期最近會有類似的需求，我
很樂意聊聊。

謝謝。

這對我來說怎麼會有價值呢？我又不在醫療照護產業。再
說，他們也沒有觸動到我：

「潛在投資人，您好」是個很糟糕的開場。我完全不清楚這
傢伙是誰，他卻已經在對我推銷、希望我做出投資？我看到第一

行之後就沒繼續往下讀了：

**Global Business Executive | Partner @** ～～～

致潛在投資人 · 1:35 PM

收信者：布蘭登·肯恩

潛在投資人，您好：

我是＊＊＊，住在俄亥俄州的辛辛那提，是＊＊＊的區域合夥人，＊＊＊是一所虛擬育成中心，總部位於阿聯酋杜拜網路城城園區。＊＊＊正在尋找對我們挑選過的新創公司有興趣的投資人。我們投資的是充滿熱忱的人，他們有著可以帶來高度影響力、觸及層面廣泛的點子，以及追求夢想不滅的熱情。我們有種特別的商業模式「共資共建」，可以讓非科技背景的創業家自創並投資自己的新創公司（投資額從 20 萬到 200 萬美金不等），而我們則會協助他們建置科技產品。

我為什麼要去參加這場會議？對我而言誘因在哪裡？

**不動產證照經紀人**

嗨，布蘭登。本週四上午 11 點到下午 2 點間，請來比佛利山莊的艾佛瑞咖啡跟＊＊＊和我，一起喝杯咖啡或茶吧。地址是北比佛利街 490 號，期待與您相見！

我甚至不打高爾夫球：

如你所見，在上述例子中，這些人都沒有研究過他們的潛在客戶，也沒有思考過他們所要接觸的人或公司。他們想的只有自己，以及**他們自己**要如何獲得價值。請不要這麼做，請做好你的功課，不管你要接觸誰，都要想想該如何提供價值給對方。

若要拿下新的生意，你必須嘗試了解對方的想法，並針對對方的需求，提供量身訂製的點子。如果這些人跟我說：「嘿，你的公司很不錯。我很想進一步了解你的公司，看看我有沒有辦法替你們帶來生意。你們在做些什麼？」這樣會有用得多。如果他們對我的公司表現出興趣，也擁有可以帶來成長的具體方案，這將有助於建立一段可能促成我們合作的關係。

　　再說一次，不要用領英或電子郵件去騷擾你的聯絡人——這是不會有好結果的。反過來，你要用策略性的做法，想想看你該如何使用這些工具來產生連結、建立關係，並提供價值。

　　我在領英上收過一些有效的陌生開發郵件，其中有一個例子是這樣的：

 • 4:43 PM

嗨，布蘭登：

自我們公司創立三年以來，我們藉由領英替像您這樣的公司找到 7,500 位潛在客戶的線索，以及 110 萬美元的銷售額。我們有位客戶跟我們一起做了宣傳活動，在前三個月內拿到 35 筆很有可能成交的生意機會，總共價值 200 萬美元。

我很想跟你討論一下，是否有可能也替你的公司帶來同樣成果。一起聊聊吧？

　　這家公司提供了很具體的成功證據，是他們與其他客戶合作的實例，而且他們也專注於如何幫助我達到相同的成果。結果是，我寫了回信給對方。

　　我本身利用陌生開發的方式，拿到了迪士尼、Xbox 以及福斯的生意，每筆生意都超過 1,500 萬美元；而我只是運用了本書所分享的工具，寄送有效的訊息給對的人而已。

　　我採取的方法是，仔細思考該如何提供最高的價值給我所聯絡的對象。我考慮過他們有哪些痛點，以及我該怎麼協助解決這些痛點。我並未著力於**推銷**我的服務，而是聚焦在如何提供**價值**和我的服務。雖然這兩者的差異看起來可能不大，但造成的影響

卻是天差地遠。

　　我寄送過陌生開發訊息給任職於迪士尼的高層人士，這封訊息最後帶來了很大型的商業合作案；當時，我寫的是**她的**價值、**她**有多厲害，以及我可以幫**她**在 YouTube 行銷上省下一大筆錢，並提高迪士尼當時的廣告整體成效。這封電子郵件的定位，完全是要協助迪士尼獲取更大的成功。以下是這類電子郵件結構的示例：

嗨，＿＿＿＿：

　　我要先恭賀您在（公司名稱）的卓越表現，您在（一項具體的專案、產品或活動）上獲得的成就，真的非常了不起。

　　由於您是數位領域的專家，我想為您提供訊息，我們最近推出一個新的科技平臺，可以萃取數據，讓您知道您的所有競爭對手在社交媒體管道上的支出，並透視他們過去的表現。平臺也會提供深入數據告訴您，訪客在觀賞競爭對手影片之前與之後又看了哪些影片，以及他們是在哪個社交平臺上觀賞。

　　平臺最有意思的部分，是這些數據可以探勘，用來強化您自己的影片品質分數，回過頭來，還可以拉低活動的每次點閱單位成本，並帶動影片自動瘋傳。平臺最棒的一點是一切百分之百透明，最高可以為您的付費媒體活動省下（讓人眼睛一亮的數據），同時將您的績效提高（讓人眼睛一亮的數據）。

　　我們目前和（客戶清單）都有合作這項新科技。由於您向來身在數位領域尖端，我希望也把這項資訊傳達給您，因為我認為

這會對您有幫助。若您有興趣了解詳情，我很樂意為您引介我們公司的執行長。

敬祝 愉快

布蘭登・肯恩

　　再一次，此封郵件的焦點依然是提供價值給這位高層，我強調了她的成就，也解釋我的產品將如何協助她達成更高的成就。我提議讓她工作得更輕鬆，並讓她看到使用我們的服務的價值。此外，我也提供了附加價值，表示可以直接介紹她認識我們公司的執行長（當時我的角色是公司顧問）。

　　然而，這封郵件及其衍生出的各個版本，並不能跟所有人都成功談妥生意。我當時將這封信寄給 20 個人左右，而在這批郵件之前，我已經測試過類似訊息的各種不同版本，並且觀察哪些調整可以提高成效。如果在寄給 20 個人之後，上述訊息並沒有讓我收到回覆，我就會稍做修改，再寄給另外 20 個人。然而，很幸運地，其中一家公司有一個人回信，並帶來了數百萬美元的生意。花時間打造並寄送這些陌生開發訊息，顯然很值得──而我所要做的，僅只是思考坐在桌子另一頭的人，會有哪些痛點與需求。

　　大家的收件匣常常會被垃圾郵件塞滿，這也正是為什麼擁有強力的鉤引點與有利的價值主張，是如此至關重要；這是讓自己與眾不同的唯一方法。如此一來，你打算觸及的人，確實會在一開始就想要點開你的郵件。

## 內容行銷中的攀岩、滑雪和冒險

派拉蒙影業前數位行銷副總拉森·阿內森提醒了我們，資訊是最好也最重要的內容行銷形式之一，並且遙遙領先其他形式。渴望獲得新資訊是人類的天性——如果你讓大眾獲取新知，他們可能就會想要購買你銷售的產品。

阿內森很喜愛戶外活動服飾品牌 Patagonia 在自家雜誌上發表的「經驗信」，他可以從中得知新的冒險，以計劃下一場野外旅行；他也可以由此了解到，其他人在冒險途中是如何使用 Patagonia 的產品，如此一來，當他在替自己的冒險做準備時，就會因此想要購買 Patagonia 的服飾。

你可以提供關於**任何產品或服務**的知識。一名稅務顧問，可以向潛在客戶提供有關全年理財的最佳方法與技巧—— YouTube 頻道「價值明確的稅金」（ClearValue Tax）就是個很好的參考。瑜伽老師則可以寄送電子報，談談各種瑜伽姿勢或冥想有哪些具體的好處。任何一門生意，最終其實都能用內容行銷跟現有客戶及潛在客戶建立起關係。

## 拿出最好的東西送人

有太多公司在營運上都有著匱乏心態，即如果免費提供內容，人們就不會付費購買產品和服務；但事實正好相反——你提

供的內容愈有價值，就會有愈多人想要僱用你，或是購買你的產品或服務。你證明自身價值的方法，就是讓人們**親自體驗**。舉例來說，創業家蓋瑞・范納洽會免費提供很多有價值的資訊，事實上，他就是用這個方式建立了整個品牌。而且，他所分享的免費資訊中，大部分都是具有實質內容的——他有一次無償分享了一份長達 88 頁的文件，敘述他所使用的內容策略，而他完全可以輕鬆開出 1,500 美元的價格來販售這份文件。

我並不是要建議你免費贈送任何東西，但你需要清楚知道自己處於跟受眾溝通的哪個階段，如果你還在早期階段，就需要專注於建立信任感；你不能馬上就開口要錢，而是需要先提供價值。

在零售的環境裡，人們總是會贈送免費產品。提供試用品的目的，就是為了讓大眾試用之後愛上產品，然後帶來生意；這也是 IPSY 這類彩妝訂閱服務公司如此成功的原因之一。IPSY 對客戶與品牌來說，都有著很好的鉤引點。就顧客而言，鉤引點是能夠試用每月寄來的最新妝髮、保養和香氛產品；對於品牌來說，鉤引點則是將產品送到大量的潛在消費者手上，而其中很多人最後都會變成品牌的顧客。這種商業模式，替每一方都提供了很高的價值。

睡眠醫生麥可・布勞斯也會在演講時給予一些很有價值的資訊，而且他希望這些資訊可以被分享出去。他在演講的最後都會說：「嘿，各位，如果想要我的簡報檔，請把你們的電子郵址傳給我。」這替他打開了一扇扇大門，因為人們會把電子郵址傳給

他，接著，他會寄給他們一個 Dropbox 的資料夾，包含 PDF 格式的簡報檔。簡報裡則有他的個人資訊、大頭照、他所提供的演講類型和 VIP 服務，以及一份通用的睡眠指南和建議的手冊。這份手冊就是有價值的資訊，很容易記得，也很易於與他人分享。布勞斯運用提供價值的方式，獲得了相當多的新客戶和機會。

最聰明的公司會拿出最好的東西送人。如果你真誠地幫助別人，他們就會回來找你，並找方法掏錢給你。你將會獲得他們的信任，也會打開通往長期關係的大門。

## 40 億觀看次數的祕密

分享力公司的艾瑞克・布朗斯坦提醒我們，在這個 3 秒鐘的全新數位世界裡，隨時都有數量多到不可思議的內容被散播出去。他認為現今人們比以前更需要理解這一點：比起觀看次數，互動的指標更加重要。他強調：「任何人都買得到百萬觀看次數！」你需要創造出一些東西，讓人們想要參與互動、分享，並跟別人討論。思考你的觀眾想要什麼，這點非常重要。

數位內容策略師納文・構達，總是會要求他團隊的內容製作者想像一個剛抵達公司、準備上班的人，上午 9 點，他正滑著社群媒體上的動態；接下來，構達鼓勵他們思考：「這個人需要什麼？我的受眾認為哪些東西是有價值的？他們最大的痛點是什麼？」在你澈底了解核心受眾和客戶之前，是無法有效表達出價

值的。也許這些人在一天當中需要休息個 5 分鐘，或是一些提神醒腦的小東西，在那個當下，他們搜尋的不會是你的品牌訊息，而是一些更有創意的東西（這類型的內容點子在第三章中有提到）。

創業家羅蘭・弗瑞瑟和傑・謝帝（他是一位內容創作者，專門創作會爆紅的啟發性影片，曾締造 40 億次的觀看數，在全球擁有超過 2,400 萬名追蹤者[67]）曾經在弗瑞瑟的 Podcast 節目《商業午餐》上對談，由於謝帝是全世界獲得最多網路觀看次數的人之一，弗瑞瑟向他詢問了關於分享性以及有助於內容爆紅的五個主題。謝帝分享的五個主題分別是：冒險、喜劇、情緒、啟發以及驚喜。他指出，爆紅與否，跟影片被分享的頻率有直接的相關性；人們之所以會分享一支影片，並非因為那支影片引發他們思考，而是因為他們有所感受。如果你提供價值給大眾，讓他們感到驚喜、快樂、好笑或是受到啟發去嘗試新東西，他們就比較可能會分享你的影片，影片也就更有機會爆紅。

謝帝認為他臉書上觀看次數最高的幾支影片之所以會爆紅，原因有三個：

1. 那些概念都是從真實生活中發展出來的。謝帝是從真實經驗或是與他人的對話中，去發想影片的概念。他的分享數最高的影片當中，有一支影片的概念來自於他與一名 35 歲的人的談話。對方覺得自己已經來不及去冒險，

也錯過在生活中嘗試新事物的時機了。謝帝隨即意識到這樣的感受很常見，於是決定做一支影片來駁斥這個迷思。

2. 謝帝會用科學研究來支持他的概念。他想要呈現可信且禁得起驗證的概念，因此他總是會加上數據來支持自己的訊息。

3. 他會用具詩意又精簡的語言來解釋他的概念。謝帝指出，比起文章，我們更容易記得歌詞。運用具有詩意且抑揚頓挫的方式說話，會讓人們更容易記住你的影片，也更容易跟他們的朋友提及你的影片。

（你可於此收聽完整的討論：https://podcasts.apple.com/us/podcast/business-lunch/id1442654104?i=1000438001431 。）

你可以透過觀察大眾的回應，來評估內容的成效——看看他們的留言說了什麼，以及他們分享該則內容的頻率。這些資訊是很好的回饋，足以讓你了解你提供了多少價值。你可以測試不同的概念，從中了解什麼東西能提供最大的價值，而且要在你的線上和線下內容策略裡囊括這些資訊。

## 獅子、老虎、豪宅和藍寶堅尼——天啊！

文案專家克雷・克里蒙斯鼓勵你在發展數位內容時，立即給

出價值。你要讓自己成為獨家的消息來源，提供大眾無法從別處獲得的資訊，而這些資訊會讓他們的生活更美好。重點是，擁有一個差異化的元素，將會吸引並提供價值給大家，進而讓他們想回頭索取更多資訊。

　　讓人們滑手機的手指停下來是一回事，但如果你希望讓他們反覆回訪你的頁面，就需要提供有價值的東西。克里蒙斯以戴‧羅培茲（Tai Lopez）為例，他在這方面是一名很成功的創作者。羅培茲在社群媒體的廣告上掌握了許多資金，他用自己那臺藍寶堅尼（Lamborghini）和豪宅的照片及影片勾住群眾，那就是他的鉤引點。然而，他提供的價值才是人們持續回訪他頁面的原因。他會分享帶有這種鉤引點的影片：「你必須讀這些書！」他會教導大眾從書中學到的內容，而且可立即用來帶動公司或收入成長。羅培茲的口號之一是：「知識勝過大學。」（Knowledge is better than college.）這句話超好記，足以讓人們馬上就採取行動。

　　如果你提供受眾可以一口咬下並立刻付諸行動的資訊，使他們快速改善自身生活，那他們就會一直回頭找你接收這類資訊。此外，你要試著讓他們覺得自己就像是你品牌家庭的一分子，或是你個人的追蹤者。如此一來，他們就會持續消費你的內容，也會跟朋友聊你的內容。要記得，你給出的價值愈高，獲得的價值也會愈高。

## | 要點提示與複習 |

- 如果一項產品或服務沒有提供價值，就不該存在。
- 假如你專注於提供獨特的價值給他人，你就會脫穎而出並獲得關注。
- 你可以透過你想要提供幫助的真誠渴望和能力，來贏得新的生意。
- 假設有一些即時的解決方案，能夠解決人們甚至尚未認知到的需求，他們就會願意掏錢。如果你能找到這樣的需求，就可以畫出藍圖，跟對方說他們缺乏什麼，並且為你的產品或服務訂出更高的價格。
- 生意是建立在關係上的，建立與維繫關係的能力很重要。
- 運用情緒、幽默、驚喜、刺激感或是教育，跟你的受眾建立起連結，如此一來，他們就更有機會經常分享你的內容。
- 你必須聚焦在品牌功能化上。換句話說，你的產品或服務對你的客戶來說，必須是有用且有意義的，而這應該是你在發想鉤引點和說故事時要專注的重點。

- 要有策略地應用領英和陌生開發郵件──連結、建立關係並提供價值，而不只是推銷、推銷、推銷。
- 運用內容行銷跟現有及潛在顧客發展出關係。
- 你的線上內容必須立即給出價值──讓自己成為獨家的消息來源，提供大眾無法從別處獲得的資訊，而這些資訊會讓他們的生活更美好。
- 使內容更易於被分享和爆紅的五個主題是：冒險、喜劇、情緒、啟發以及驚喜。
- 傑・謝帝認為他的影片能名列臉書觀看次數最高的影片當中，是因為他的概念是從真實生活經驗中發展出來的；此外，他會利用科學研究來支撐他的概念，並且以詩意且精簡的語言來解釋。
- 你給出的價值愈高，獲得的價值也會愈高。

# 第八章

# 從鉤引點到規模擴張

## 48 個月內賺進 16 億美元的祕密

# HOOK POINT

　　一旦你建立起有效的商業和行銷策略，並運用了明確的鉤引點和故事，到了某個時間點，你很可能會想要開始擴張。提供價值給客戶，一定會讓你有所成長，但困難的地方在於你得出現在對的受眾面前，而這群受眾裡必須有你的潛在客戶。你要去已經有流量的地方，找到超級連結者（我將會在本章裡解釋），利用他們的介紹，結合你在線上和線下行銷所做的努力，如此一來你就能成功擴張。在本章裡，我們要談的就是這個。

## 不要從頭開始做！去已經有流量的地方

　　有很多最聰明也最成功的公司，其成長速度都很快，因為他們知道如何從已建立好的受眾身上獲利。比方說，YouTube 利用 Myspace 的流量，在兩年內就將自家公司以 16.5 億美元的價格賣給 Google。[68] 當時，Myspace 的平臺上沒有內建影像播放器，YouTube 認知到這個事實，而它也是最早建立跟 Myspace 相容的內嵌程式碼的公司之一。Myspace 的用戶會將 YouTube 的內嵌程式碼放在自己的個人檔案上，無論是音樂錄影帶、電影預告片，或是他們自製的內容。當社群裡的人看到朋友檔案上的影片，大家就會想要跟進。只要使用者點擊影片，就會連結到 YouTube 網站，而他們可以在這裡上傳自己的影片，或是抓取內嵌程式碼，把影片放在 Myspace 的個人檔案上。YouTube 利用 Myspace 內建的受眾和流量，使得公司規模快速擴張，而這樣的成長最後吸引

了 Google。Instagram 也曾運用類似的模式，利用臉書的流量快速建立起用戶基礎。

另一個很好的例子，是我透過跟部落客建立良好的關係，以利用他們現成的流量。那時我還在湖岸娛樂工作，我觀察到電影部落客有強大的力量與流量，可以用來進行行銷活動。當時，很多電影工作室對待部落客的方式並不像對待電視節目《今夜娛樂》(*Entertainment Tonight*)或是傳統報章媒體那麼尊重。然而，我看到了全新的機會——跟部落客合作；他們的網站有很高的流量，也具有向數千名電影愛好者行銷湖岸娛樂電影的能力。意識到這件事之後，我就去接觸他們，跟他們建立起關係。

為了提供價值給部落客，湖岸娛樂主辦了一些派對，讓部落客可以跟電影明星和圈內人互動；最成功的一場派對是湖岸娛樂在動漫展贊助舉辦的，派對名稱為「動漫大怒吼」(The Wrath of Con)。❺ 電影部落客舉辦同樣主題的派對已經很多年了，但規模一直都很小，參加者大約是 50 人左右。當時，湖岸娛樂發行了一部小型獨立電影《恐怖解剖室》(*Pathology*)，但我們沒有預算為這部片做宣傳。為了讓部落客幫我們宣傳這部電影，我們贊助了資金，協助他們舉辦更盛大的派對，並邀請電影裡的

---

❺ 譯注：取自電影《星艦迷航記 II：星戰大怒吼》(*Star Trek II: The Wrath of Khan*)，標題的「可汗」一詞(Khan)與動漫展的「展覽」(Con)同音。此系列作品在動漫界廣受歡迎。

明星一同參加：麥洛・文提米吉拉（Milo Ventimiglia，曾演出電視劇《這就是我們》〔*This Is Us*〕）和艾莉莎・米蘭諾（Alyssa Milano）。那一年，派對的規模大幅成長，而且之後每一年的贊助商變得愈來愈大咖，最後成為動漫展最大的派對之一。

　　贊助派對有助於我們跟部落客建立關係，因為他們可以接觸到明星，以及他們想寫獨家內容的對象（這在現今電影界已變成一種常態操作）。自那時開始，他們就更加願意在部落格上行銷湖岸娛樂的電影，因此這些電影會出現在許多潛在的電影觀眾面前；這種方式快速又便宜，締造了雙贏的局面。

　　你可以在你的產業內做類似的事情，想想看哪裡有現成的流量，可以用來宣傳你的產品或服務。一旦你找到幾個合適的地方，就要思考如何提供價值給這些可帶來流量的人。

　　你也可以找出人人都會接觸到的大眾媒體，利用其流量。創業家蓋瑞・范納洽說：「臉書、Instagram 和 Snapchat，就是新版的美國國家廣播公司（NBC）、美國廣播公司（ABC）和福斯廣播公司。」這些是抓住群眾眼球的地方，也就是購買媒體廣告、接觸潛在客戶最好的地方。

　　文案專家克里蒙斯也建議，要在不同的流量來源上進行多角化經營與測試。除了社群媒體網站，他的公司也經常在《哈芬登郵報》和 TMZ 八卦網站，或是其他新聞網站測試流量。不過，克里蒙斯也警告道，因為大眾的目光通常都看向同樣的地方，所以在這些地方找到人流，會比抓住他們的注意力來得容易，而這

也是為什麼使用真正有力的鉤引點如此重要。

\* \* \*

**利用可擴增的流量來源去測試鉤引點**

社群媒體的廣告平臺會帶來大規模的流量，能讓你快速測試與學習。你可以進行測試，找出哪些鉤引點能成功帶來知名度、潛在客戶、電子郵件寄送清單、電商轉換率，以及追蹤數的成長。藉由以訊息來吸引人們，並透過讓他們點擊內容的有效性，你很快就能得知自身訊息品質的好壞。

\* \* \*

# 我利用現成流量，在一個月內增加了 200,000 名 Instagram 追蹤者

我利用現成流量來源，讓我的 Instagram 帳號追蹤數以飛快的速度達到 100 萬——在一個月內，就增加了 200,000 名以上的追蹤者，而且有些時候，單單一天就會增加 75,000 名追蹤者。我的 Instagram 成長策略，是將內容散布到其他追蹤數龐大的 Instagram 帳號上，讓自己出現在他們的受眾眼前，再把流量導回我的頁面上。我對我的內容進行了廣泛的測試，並找出哪些鉤引點足夠有力，可以把觀眾帶回我的帳號，讓他們主動選擇追蹤我。

在大量發布到不同頁面上宣傳之前，為了確保內容夠強大，我會先使用我合夥的一個追蹤數超過 400 萬的帳號，測試不同的鉤引點和內容格式，看看哪些可以最有效地抓住大眾的注意力，並讓他們去我的帳號頁面按下「追蹤」。我會觀測所獲得的回應，以決定每則內容是否有效，並持續測試，直到找出最強的版本為止。接下來，一旦確定某則內容是有效的，我就會將這個勝利的版本散布到 7 至 10 個不同的合作夥伴帳號上，而他們每一個人的帳號都擁有數百萬的追蹤者。

（若想進一步了解過程，請參考我的「受眾快速成長」課程：www.rapidaudiencegrowth.com）。

## 粉墨登場！演講中的互動也能帶來生意

睡眠醫生麥可・布勞斯進行過很多大型演講，而他之所以會做這些，不只是因為大型演講的報酬很高，也是因為他每次舉辦演講（面對數百人，有時甚至是數千人）都能獲取新的生意機會，這些機會的形式可能是代言合約、未來的演講，或是新的患者。布勞斯會仔細建構演講內容，讓觀眾能夠認同他所提供的服務。在「精疲力竭的高層主管」這場演講中，他提供了一些小技巧和內部資訊，並利用兩到三個案例研究來包裝，讓大部分的聽眾覺得自己有被包含在裡面。

舉例來說，可能會有一個案例研究是在講 45 歲的鮑伯每天

早上都感到高度疲勞，他會喝點小酒，最近又變胖了，也沒有像過去一樣經常運動；現在，他夜裡會醒來 3 到 4 次。布勞斯會製作這種個人檔案，或是假想一個虛擬人物，這是他展示資訊的方法。如果有觀眾對於案例研究有認同感，就較為可能在演講最後的問答環節提出問題，而這就代表了他真正的銷售機會。

在問答環節中，觀眾通常會問兩種類型的問題——私人問題，或是出於好奇心的問題。當有人詢問他私人問題時，布勞斯通常是這樣回覆的：「幫我一個忙，會後再來找我，因為這個問題我想要跟你私下聊。」假如他被問及 4 到 5 個私人問題，他就會有 4 到 5 位新的潛在客戶。

## 見見你的守門人

2018 年，布勞斯接受了 241 次訪談，有時候，單單一個月就接受多達 20 次的訪談。藉由寄送每月電子報給以前訪問過他的媒體記者，他因此獲得了大部分的訪談機會；他會在電子報裡列出關於睡眠的研究，也會用鉤引點宣傳他的文章或電視節目。他的收件者清單到現在已經累積 10 年的時間了，現在他握有超過 650 名記者的電子郵址，而他們分屬於全球各大主流媒體公司。他不需要公關人員，因為他能直接聯繫源頭，而且他與最有助益的人建立了穩固的關係。

## 超級連結者

　　若想要在線下的世界擴張生意，你必須去找所謂的「超級連結者」──那些跟你想合作的對象有密切關係的人。（對，我知道有一本書就叫做《超級連結者》〔*Superconnector*〕，而我的定義跟這本書有點不一樣，但對於我接下來要說明的重點而言，這是最佳說法。）你之所以需要去找超級連結者，是因為他們有著一般人很難接觸到的人脈關係。

　　你必須在你的產業中，尋找有力量將你跟潛在合夥人、大方的客戶、流量來源或顧客聯繫在一起的人。如果你的事業才剛起步，或者你不是個很會社交的人，超級連結者會是很棒的資產。一個頗受尊敬的人，可以替你帶來數十次的引介。我自己會運用這個策略，是因為我天生很內向──這對於那些害怕需要經常外出結識新朋友的人來說，是件很棒的事。就我個人而言，有一個很重要的超級連結者，就是 MTV 的高層（他與我簽約並使用我的科技平臺），他幫助我打開了很多通往機會的大門，包括泰勒絲、《Vice》雜誌、饒舌歌手史努比狗狗（Snoop Dogg）、麥可‧斯特拉恩（Michael Strahan），以及其他機會（細節在第一章中已提過）。

## 超級連結者可以改善你的產品

《傻瓜書》系列的創作者約翰·基庫倫認為，該系列的成功很大一部分可以歸功於水岸製作（Waterside Productions）的出版經紀人比爾·格拉德斯通（Bill Gladstone）（他剛好也是我的經紀人）所帶來的那些才華洋溢的作家。基庫倫指出，找出厲害的作家非常關鍵，而格拉德斯通能夠聯絡到很多厲害的作家。若要找到不只很會闡述，還具備喜劇敏感度的作家，格拉德斯通是這方面的把關者和中間人。

不過，格拉德斯通並非唯一一位讓該系列得以大幅發展的超級連結者。基庫倫在舊金山街上打籃球時，遇見了艾瑞克·泰森（Eric Tyson），他最後成了《給傻瓜的個人理財》（*Personal Finance for Dummies*）一書的作者。他們是在輕鬆的對話中認識彼此的，基庫倫向他談起自己的同事和員工，而泰森當時剛好在加州大學柏克萊分校（UC Berkeley）的進修部教授一門關於個人理財的課，於是基庫倫就請他寫了一本書；接著，基庫倫發現泰森跟投資人查爾斯·施瓦布（Charles Schwab）之間有交情，而施瓦布最後替那本書寫了推薦序。

基庫倫認為，《傻瓜書》系列之所以會不斷成長，是因為有厲害的協作者，而非一人之功──他們背後有很棒的團隊。你永遠不會知道，誰最後會對你生意的發展帶來幫助，所以要開誠布公、和善待人、花時間傾聽你遇見的每個人；他們可能會替你敲

開很多扇門，替你帶來引介的機會，或是建立流量的新方法。

## 對你的品牌來說，名人的真正價值是什麼

　　亞立斯・立維安（Alex Livian）是 LMS 公司的共同創辦人，這家現代經銷公司是在線上建立品牌。LMS 採用最先進的付費媒體成長策略，並高度強調使用備受矚目的意見領袖來建立品牌。LMS 最讓人印象深刻的客戶之一，是足球選手 C 羅及其男性內褲品牌 CR7，他們是該品牌的北美獨家經銷商。C 羅目前是 Instagram 上追蹤人數最多的帳號，擁有超過 3.7 億名追蹤者，超過金・卡戴珊、泰勒絲、巨石強森（The Rock），以及亞莉安娜・格蘭德（Ariana Grande）！有鑒於 C 羅對大眾媒體來說極具吸引力，因此立維安利用了這個現有品牌，而不是從零開始，這使得他的生意得以快速擴張。

　　立維安選擇成為 C 羅的 CR7 的品牌經銷商，是基於這名足球員早已在粉絲間建立起的信任感。反之，假如立維安是從零開始建立起整條產品線，那麼，想要讓人們知道這個品牌就會困難許多。當你跟現有品牌合作，就能加速行銷的流程，因為意見領袖的關係都已經建立好了。

　　雖然這樣做的利遠大於弊，但立維安表示，跟名流合作還是有一些潛在的缺點——你需要選擇該信任誰，因為他們總是有可能會在大眾面前出現負面形象的風險，而這最後或許會傷害到

你的品牌和銷售量。立維安說道，當名人身陷醜聞或被公眾鄙視時，與他們相關的品牌往往得要做出切割，以避免品牌的聲譽也受到損害。

除此之外，當你把你的品牌跟一個人綁在一起時，同時也會提高你的形象被對方的個人行為破壞的風險；因此，要做出聰明的選擇。幸運的是，立維安選擇 C 羅是很安全的，除了他在足球圈內被視為上帝一般的存在，他還透過社群媒體上大量的追蹤數，證明了他在大眾市場的吸引力有多強。有了這些忠誠的追蹤者，立維安取得每位新客戶的平均成本大幅降低。

當你跟大牌的意見領袖或名人合作時，也要確定他們跟你的產品之間具有真正的相關性，否則無助於你的行銷戰術。比方說，立維安表示，當他在別克（Buick）汽車的廣告裡看到俠客・歐尼爾（Shaq）的時候，他就在想：**這傢伙甚至塞不進這部車裡，但他卻是這部車的代言人……這不合理。**而當他看到喬治・克隆尼（George Clooney）出現在卡薩明戈（Casamigos）龍舌蘭廣告裡的時候，他認為是有效的。因為克隆尼溫文儒雅的氣質足以引發觀眾的共鳴，而卡薩明戈的品牌也符合其形象，這種搭配就很合理。假如你跟大眾信任的正確人選進行搭配，他們就可能會立即對你的產品產生信任感。

如果做得對的話，跟名流合作會是快速擴張你的生意的好方法。這會降低你取得每位新客戶的人均成本，而且可以縮短行銷的流程；但是，當你要把你的生意和產品與某個人的名字掛鉤

時，得先確保你在選擇對象時是明智的。

## 利用轉介的力量讓公司成長

　　白金健身俱樂部的老闆彼得・帕克，幾乎不怎麼替公司做傳統的行銷，他目前所有的客戶，包含名流與億萬富翁，都是透過口耳相傳的宣傳而獲得的。帕克指出，他有很多客戶（特別是那些全明星運動員或執行長）都很重視自身隱私，也不希望讓大眾知道他們想做些什麼。為了保護並維持客戶的信任，帕克很謹慎地使用社群媒體和其他形式的廣告。帕克後來與我成為朋友，現在每當我們聊天時，我都會聽到他又有一個新的名人客戶，而我甚至不知道那個人有在健身。這些都是在輕鬆的談話中自然而然聊到的，他從來不會自誇或吹噓，而這也是頂尖客戶很喜愛他的另一個原因。

　　帕克有一些重量級的業務資源轉介者，包括克里斯・雷納醫師（Dr. Chris Renna）（另一名超級連結者），他是世界上最頂尖的醫師之一，雷納醫師和其他三四位醫生推薦了很多客戶給帕克。這些醫師通常會對他們介紹的人說：「如果你真的想要把身材練好，彼得是最佳人選。他真的很專業，你可以在他的書裡看到他的哲學。」因為這些醫生都是全球最頂尖的醫療專業人士，他們的患者信任他們，自然而然也就會信任帕克。

　　帕克也會因為他協助客戶取得成果而獲得推薦。當你言出必

行，並交付出你對現有客戶所承諾的結果，這時你就會獲得新的客戶。當帕克幫助一個人瘦了超過 13.6 公斤，或是讓他們的背部更結實、多年來首次抱得動自己的孩子，他便改變了客戶的人生；那份喜悅和感謝成為了消費者證言，而這些證言則成為透過轉介而來的客戶。

我的父親吉姆・肯恩表示，在他之前任職的律師事務所（芝加哥最老牌、最受尊敬的事務所之一），大部分的新生意也是透過轉介而來。律師需要去外面找尋新客戶，因此很多人都會加入跟自身專業領域相關的組織，以進行社交活動。人脈就是關鍵。

我父親有一項優勢，他曾經替芝加哥前市長和伊利諾州前州長工作過，市長和州長通常都會參與轄區內的重大交易，由於他們對我父親的能力有信心，使得我父親能夠獲得接觸潛在客戶的機會。你永遠都不能低估關係對於發展新生意的重要性。

與你的產業界相關的重要人士打好關係，就能幫助你拓展業務。你要嘗試獲得兩名超級連結者的信任，讓他們轉介生意給你。如果你將努力和精力放在對的人身上，就可以擴張得更快。

## 注意：前方穩定成長

醫生們向客戶介紹彼得・帕克時，會說**他是一名專家**，而不是他的公司白金健身俱樂部，這對帕克來說是個問題。他有太多客戶了，沒辦法每個都自己接，這也是他打造世界級的團隊來協

助他的原因。不幸的是，當轉介而來的人聽到的不是帕克的名字時，他們不一定會想要跟他的團隊成員一起健身——他們希望帕克親自來教，而這限制了他的公司擴張與成功的規模。

我一直在跟帕克合作，以重新定位他的訊息。現在，每當有人轉介客戶給他時，他就會傳達整個團隊的價值。我訓練他改變他所說的故事，並強調他跟一**整個專家團隊**合作的事實，以及團隊的每個成員都專注於某個特定領域。如果有人因為背部問題感到困擾，團隊裡有位專家可以協助；如果是膝蓋問題，另一位專家可以負責這部分的專業。運用這種方式來組織他的團隊，讓他將鉤引點從「帕克是世界第一」變成「帕克的團隊是世界第一」，這也讓他的公司更有效率地成長。

思考一下你在製作你的鉤引點和故事時，是怎麼定位自己的。你要確保，長期而言這些內容會讓你的生意擴張。未雨綢繆會幫助你更有效率地成長。

## 瞄準利基受眾以外的人口族群

利用付費廣告時，最常見的策略是將你的廣告內容高度鎖定在特定的利基受眾，就是那群最有可能購買你的產品或服務的受眾。不過，使用非付費的社群媒體時，專注發展廣泛的內容策略會是個聰明的做法，而且，廣泛的策略最後還是會將你跟你針對的利基受眾連結起來。

　　數位內容策略師納文・構達在替 First Media 設計社群內容時，他的團隊設定的目標是要取得大規模的勝利。舉例來說，他們不是針對喜歡 DIY 的粉絲，而是為更廣泛的受眾而設計內容。他們之所以這麼做，是因為演算法的運作模式（這部分在第三章有詳細的說明）。透過觸及更廣泛的受眾，一般而言可以讓他們的影片獲得 3,000 萬到 1 億次的觀看量。藉由這種方式，他們不只打中了核心受眾，也抓住了新的觀眾；要是沒這麼做，後者將不會看到他們的內容。

　　這些影片引發的高度興趣讓 First Media 演化出一個品牌的架構，擴大了其受眾群，不只是嬰幼兒與千禧世代的媽媽，還觸及到千禧世代的女性和其他族群。觸及更廣泛的受眾，也讓他們公司獲得新的機會，在兩年半的時間內，從一個只有 3 人的數位團隊，搖身一變成了一支超過 55 人的團隊，且每個月帶來的觀看數大約是 30 億次。

　　在社群上發布第一則付費廣告的時候，我通常會建議要針對**更廣泛的受眾**，以便讓數據顯示你真正的受眾在哪裡。我在第一本書《百萬粉絲經營法則》裡，仔細討論了訂定社群媒體目標的流程（你可於此讀到更多：www.onemillionfollowers.com），但現在你只要知道，可能會有一種你連想都沒想過的受眾對你的產品感興趣，而你可以利用社群平臺測試並發掘出理想的客戶。

# 1,000 名忠實粉絲的反轉

在凱文・凱利（Kevin Kelly）的著作《1,000 名忠實粉絲》（*1000 True Fans*）裡，他勾勒出一個概念，就是你只需要 1,000 名忠實的粉絲；若是他們每人付你 100 美元，一年就可以賺到 100,000 美元。他建議要慢慢地經營這群受眾，以確保這些人會購買你的產品或服務。雖然我很尊重這個概念，也認為有其價值，但我想要解釋為什麼我還是採取了不同的方法。

我是從娛樂產業發跡的，倘若在這個圈子裡只觸及 1,000 個人，這樣的受眾規模太小了，不可能有任何投資報酬。如果我跟合作對象開會時，只帶著一個可觸及 1,000 或 10,000 個人的概念，那可是會被開除的。我之前去開會的時候，都是帶著能夠在最短時間內盡可能觸及數百萬人的點子。

因此，我的思維已經被訓練成「潛在受眾規模要盡可能地大」。在宣傳一部電影（不是某部片的續集）的時候，你得在短短幾個月內建立一個品牌，而這個品牌僅靠著 5,000 或 10,000 個人，是不可能生存下去的；你需要在非常短的時間內觸及 2,000 萬、3,000 萬、5,000 萬，甚至是 1 億人。

娛樂界的背景讓我養成了必須在極短的時間內，快速觸及大量潛在消費者的做法。我認為，這個做法有助於任何產業的人擁有獨特的機會；無論你是一名作家、主廚或是運動員，了解如何觸及大眾都是很有幫助的。

　　最近，我觀察了世界頂級廚師們的社群媒體帳號。在那些擁有大量追蹤者的帳號當中，有很多帳號只有不到 215,000 位 Instagram 追蹤者（在我寫這個章節時），即便是沃夫甘・帕克（Wolfgang Puck）也一樣。以 Instagram 來說，這不算多，但在料理界卻是個大數字。想像一下，一名主廚有 30 萬到 35 萬名追蹤者——他就能在他的利基市場裡脫穎而出。受眾人數龐大的人將會吸引到關注，他們可以利用這個高於平均的受眾規模，獲得新機會、品牌合約、Podcast 的露出，或是登上電視節目。

　　再說一次，擁有 1,000 名忠實粉絲也有極大的價值，這是一項很棒的成就，對你的事業會有幫助；但是，擁有範圍內可獲得的最大曝光量，你會更有可能快速找到你的 1,000 名忠實粉絲，以及更多線下機會。我在 30 天內養成了 100 萬名追蹤者，所以才能發展得盡可能寬廣、讓聲量盡可能放大；我知道這 100 萬個人並非都是忠實粉絲、都會購買我的產品，但這不是重點。重點在於利用這個鉤引點（30 天內從 0 到百萬追蹤）登上 Podcast、演講舞臺和電視節目，以及建立策略合作夥伴關係，這讓我有更多曝光機會，加速獲得 1,000 名忠實粉絲——甚至更多。

　　我也鼓勵你盡可能放大思維格局。哪些機會可以讓你的事業脫胎換骨？你該如何利用你的受眾規模，讓自己在可能造成關鍵改變的人面前曝光？換句話說，盡可能地做大、拉抬聲量，如此一來，你就能吸引到更多對的人的注意力，而這些人會對你的事業進程帶來極大的影響。

# 結合線上線下的努力來擴張

　　有很多方法可以將你的線上和線下形象結合在一起，進一步提高品牌知名度、帶來大幅成長，並創造出重要的機會。如果你有效地結合線上和線下的露出（我接下來會解釋），就可以真正做到擴張，並建立起長期的品牌。

### ↘社群數字的線下驗證

　　任何試著發布內容的人都會認同大量社群追蹤數的價值，只要這些追蹤是真實的，那麼它就會是一個驗證指標，也會讓人關注你。如果大眾都在看你的內容，那其他人也就更有可能會去看，這是人類的天性。

　　你要盡量建立廣泛的受眾，而且動作要盡可能地快，如此才能建立一套具可信度的驗證指標，從而讓你脫穎而出。由於只有少數的人會成功，於是，成功做到這件事本身就會變成一個鉤引點。這或許不是你首要的鉤引點——那個鉤引點很可能跟你實際從事的行業有關，但無論你是一名醫生、演員或是作家，大量的社群追蹤數都會讓大眾專注在你身上，並且吸收你的核心訊息。

### ↘我如何把社群上的受眾轉換成線下的機會

　　如你所知，我在臉書上花 30 天獲得百萬追蹤數，也明白如何在極短的時間內，在 Instagram 上達到百萬追蹤；很多人都認

為這些成績很厲害，而這也讓我脫穎而出。我將這個鉤引點（我在線上的成就）拿到線下的環境中，當成說故事的材料，以協助我激發關注度、知名度、教育性及靈感。

你可能已經知道，建立起大量的追蹤數，可讓你透過品牌合作、與意見領袖簽約等方式帶來增加營收的機會，並建立他人跟你的品牌的關係。社群平臺上的廣告力也能用來產生潛在客戶，進而直接在線上大量銷售你的產品和服務。不過，比起這些平臺在線上所帶來的機會，我發現有一件事更有意思，就是當人們開始跟你的線上內容互動，或者購買你的產品或服務時，你便可以將這份動能帶到線下，轉換成重要的機會。

你可以把你的線上追蹤數當成一個施力點，以獲取新的策略夥伴與生意，而且人們也會因此更重視你。有一個知名案例是演員蘇菲・特納（Sophie Turner，她最有名的角色是 HBO 電視劇《權力遊戲》〔*Game of Thrones*〕裡的珊莎・史塔克），她坦承在選角時，有另一位女演員被認為遠比自己更適合這個角色，但因為特納在社群上的追蹤數比較高，因此最後是她拿到了這個角色。[69]

就我個人而言，我利用我在線上的驚人成就作為故事，成功找到出版經紀人，並簽下出版合約。轉眼間，我在線下世界就有了一個實體產品，而這個產品之所以會出現，是因為我在線上世界所做的事。然後，我回到線上，用我的社群平臺來賣書。我以自己大量的社群追蹤數作為鉤引點與施力點——以及我寫了一本同樣主題的書，也是一個鉤引點——得到了在世界各地演講的

機會。我在一些頗負盛名的大型活動演講過,包括宜家家居、Mindvalley 以及網路高峰會(超過 70,000 名觀眾)主辦的活動。

　　我的戰績包括一個很好的鉤引點、出版過一本書,並參與了一些演講,這讓我能夠登上那些在全球擁有大量追蹤數的 Podcast 節目。之後,這又讓我得以在更廣大的觀眾面前曝光,並用我的訊息觸及了更多人。緊接著,我有了登上媒體的機會,像是福斯財經網、天狼星衛星廣播、洛杉磯 KTLA 電視臺、雅虎財經頻道等等,這些又使得我有更大的影響力,讓我的品牌可以在更多人面前曝光。

　　你看到了嗎?線上和線下的每一步都會產生滾雪球的效應,持續讓我的品牌愈滾愈大。我將擁有大量社群受眾的故事拿到線下媒體述說,進而成就自己;你也可以這麼做。無論你的追蹤數是 100 萬還是 1 萬,都不要侷限自己的思維只考慮直接營收或品牌合作。眾人會因為你在社群上的公信力,更把你當一回事,好好利用這一點,可讓你拓寬在線下獲得策略夥伴和生意的機會,比起單純專注於線上,這更能替你帶來大筆交易與潛在營收。

### ↘把線下品牌拿到線上去成長

　　這套流程也可以反過來操作,最近的一個例子是我和睡眠醫生麥可・布勞斯合作的作品。如同先前提到的,布勞斯建立了一個巨大的線下品牌,他進行過許多演講,也上過不少電視節目,包含《歐普拉秀》(*The Oprah Winfrey Show*)、《今日秀》以及《奧

茲醫生秀》。然而，雖然他有著極大量的曝光率與成就，但他在線上卻沒有類似程度的成長。

如前所述，布勞斯會在演講活動上收集電子郵址，以便在演講後找到潛在客戶；但是，他在演講圈待了幾年後，僅只取得了數千個電子郵址。我們見面時，我說明了在線上環境裡，一兩天內就可以收集到這個數量的電子郵件。目前，我們致力於使用他的鉤引點與他在線下搜集的數據，以促進他在線上的成長，這會讓他在線上和線下的曝光結合起來，使得品牌和事業有所成長。

你可以把你在線下成效最好的鉤引點拿來推播給線上群眾，在線上，幾天內就能觸及數十萬人。要是你的內容引起大眾的共鳴，他們就會提供自己的名字和電子郵址給你。比方說，我們之前討論過睡眠醫生的一個鉤引點是：「睡前什麼時間作愛最好？」布勞斯可以做一支影片來解答這個問題，然後採用我在《百萬粉絲經營法則》中勾勒出的社群測試策略，將這支影片推播給超過 100 萬人。透過免費提供吸引互動的內容，他將會獲得數千個名字和電子郵址。從這裡出發，他就可以利用這份新的電子郵址名單，進一步發展在未來能帶來營收的機會（例如線上課程、贊助、書籍宣傳，以及工作坊）。

這只是一個例子，說明當你學會讓線上和線下的曝光相輔相成後，可能會發生的狀況。不要只專注在線下建立品牌，也不要只聚焦在線上的成長，要看看這兩臺引擎能如何替彼此提供燃料。你要利用線上與線下的協同成長，以驅動更大幅度的成長。

## ↘在線下測試你的故事

達成百萬追蹤者的目標，能讓我在線下環境裡進行對話。雖然我可以利用這個追蹤數立刻去贏得品牌合作，或是其他可帶來營收的機會，但我覺得數位環境已經太過擁擠了，塞滿了很多意見領袖。我想要一個更有力的鉤引點，也想要讓自己與眾不同，而且，我認為更有策略性地運用我的追蹤數，以獲得線下的機會，將會帶來更多潛在成長與品牌的擴張。

話雖如此，但最近我在考慮再找個員工來替我取得品牌合作的機會，並研究一下有什麼具體的方法，能夠在線上使用這些追蹤數。再說一次，你可以直接從追蹤數賺到錢，有些網紅透過線上互動就能賺到數百萬美元。如果那是你的目標，我希望你也這麼做，但我鼓勵你把眼界放大。利用你在線上建立起來的東西，以放大你的訊息、讓品牌成長，並創造獨特的機會，使你在線上與線下都能擴張，而這真的會讓人感到很興奮。

## ↘去 Podcast 挖掘大機會

我在 Podcast 節目《完全掌握：麥可‧傑維的高效心理學》的曝光，是另一個將線下機會和線上知名度兩相結合的好例子。這個成功的 Podcast 節目擁有很多聽眾，因此，上這個節目會替我帶來大量的營收——數家大公司的高層都是在聽了 Podcast 之後來跟我接觸，並打算聘請我。

為了獲得這些新客戶，我採用了線上和線下相結合的流程。

我以出版的著作（線下項目）作為施力點，並以獲得百萬追蹤數
作為鉤引點（線上策略），又在朋友轉介所促成的會議中（線下
互動），獲得了上 Podcast 節目的機會（線上）。藉由在眾多聽
眾前曝光（線上），讓我又有了新工作（線下）——其中有些人
主動來接觸我，並提議合作（線上線下都有）。好吧，說起來像
在繞口令，希望你不會覺得太混亂。重點是，結合線上與線下的
相互協力是有效的！你現在看得出來，線上和線下的世界是如何
相遇、互動且相輔相成嗎？在這個例子中，線下和線上的互動一
直被反覆運用，以加強另一方，並創造機會。這一切都源自於擁
有一個有趣的鉤引點和故事，讓你可以運用在不同平臺上。如此
一來，你就能多角化經營你的受眾，並提高品牌知名度。

## 如何拿到首次登上 Podcast 的機會

　　若想要讓自己首度登上 Podcast 節目，有很多方法。有一個
方法是聘請公關人員，他們會製造並管理知名度；此外，除了
Podcast 節目，他們也會尋找讓你上廣播、電視以及平面媒體的
機會。但是，你一定要事先做好研究，選擇一個不會讓你被合約
長期綁住的人合作（你要先試試水溫，看看這個人是否真正能做
出成績），他必須是你在合作時會感到愉快的對象，也要完全理
解你的品牌。

　　另一個方法，則是聘請一家專門的公司，能夠替潛在受訪者

尋找登上 Podcast 節目的機會。有一家名為訪談小弟（Interview Valet）的公司，專營 Podcast 訪談行銷，他們可以將你安插在適合的 Podcast 節目裡，也會協助你替訪談做準備，並在社群媒體上做宣傳。[70] 然而，根據我的經驗，這種公司通常只會將你安插在每集 1,000 ～ 40,000 次下載量的 Podcast 節目裡，而非每集下載次數都能達到 10 萬次以上的節目。不過，這依然算是個不錯的起點。

（如果你需要「訪談小弟」的進一步介紹，請透過電子郵件聯絡我：bkane@brendanjkane.com。）

同事和朋友的轉介，讓我獲得登上超級熱門 Podcast 節目的機會。具策略性的引介，始終都是最容易施力、也最好運用的資源——更何況通常都不需要費用。然而，若你還沒有建立起這種類型的關係，你可以選擇聚焦於尋找超級連結者來幫助你，或者是建立起廣大的受眾基礎，以此獲得新的連結和合作機會。

說到這裡，就要談談另一種登上 Podcast 節目的方法了——利用大量的社群追蹤數，或者自己做 Podcast。Podcast 需要聽眾，如果你在社群上的追蹤數夠龐大，眾人就會想要訪問你，讓他們自身的人脈網絡得以成長並擴張。

你也可以創建自己的 Podcast，吸引那些想要觸及你的追蹤者的人，上你的節目當嘉賓。傑·謝帝便是從一名爆紅的內容創作者起家，利用自身的成就，創建了非常成功的 Podcast，名為《故意，與傑·謝帝》（*On Purpose with Jay Shetty*）。他邀請了

一些嘉賓，像是企業家蓋瑞・范納洽；自我轉型的先驅，同時也是整合醫學醫師狄巴克・喬布拉（Deepak Chopra）、葛萊美獎得主艾莉西亞・凱斯（Alicia Keys）、《華爾街之狼》（*The Wolf of Wall Street*）作者喬登・貝爾福（Jordan Belfort）、電視實境秀明星克羅伊・卡戴珊（Khloe Kardashian）、得獎演員凱特・柏絲沃（Kate Bosworth，她最著名的作品是電影《超人再起》〔*Superman Returns*〕）、伊娃・朗格莉亞（Eva Longoria，她最著名的作品是電視劇《慾望師奶》〔*Desperate Housewives*〕），以及服裝設計師肯尼斯・寇爾（Kenneth Cole）。謝帝邀請名人來上他的 Podcast，這能賦予他影響力，也讓他更有能力去觸及新的受眾。他跟這些未來可能對他有益的來賓建立了策略性連結；另一方面，無論這些來賓原本的受眾有多少，他們還是能獲得新的粉絲。

擁有百萬追蹤數和這個鉤引點（在 30 天內建立出這樣的追蹤數），把這兩件事結合在一起，讓我登上了一大堆 Podcast 節目。當主持人看到我有百萬追蹤者，就會意識到我在社群上的信譽，而這就是一種保證，促使他們邀請我上節目。他們將之視為一項有利於他們成長的因素，而且，這也是一個聽眾會感興趣的好故事。

一旦你上過幾個 Podcast 節目之後，其他主持人也會開始找你。每週大約會有兩到三次，有一些人聽了我上的 Podcast 節目，就會透過領英聯繫我，為我帶來登上其他 Podcast 的機會。

如果你把每次上節目的機會都發揮得淋漓盡致，並且表現良好，那麼在你上過幾次 Podcast 節目後，就會引發雪球效應。當人們聽到你有多棒的時候，就會開始聯絡你。

剛開始時，我建議你抓住每個登上 Podcast 的機會。無論節目的規模多大或多小，我對於任何能夠曝光的邀約，通常都會點頭答應——我欣然接受每個能夠露臉的機會。即便只是對著 100個人說話，我都認為是值得的。這些曝光的邀約通常只會花 20到 30 分鐘的時間，也讓我有機會替更大的機遇做練習。

## 取得首次公開演講的機會

我在嘗試取得公開演講的機會前，聘請了一位演說教練。對於演說，我非常嚴肅以待，不想要草率地進行。我看過訓練有素的講者跟毫無訓練的講者之間的差異；有些人會認為有魅力便足矣，但成功的講者會設計演講內容的結構，他們會使用一套方法，讓他們的簡報很值得聆聽。我嚮往的是最高等級的演講，因此我想要成為一名專家。

（如果你希望我引介我的演說教練，請透過電子郵件聯絡我：bkane@brendanjkane.com。）

等我有了信心之後，就開始告訴身邊所有的同事和朋友，說我正在尋找演講的機會。一位生意夥伴把我介紹給一些專責活動企劃的人，在那場會議中，我被引介給宜家家居，獲得前往位

於瑞典的宜家家居演講的機會，並與全球創意團隊一起成立工作坊。

就跟 Podcast 一樣，雪球開始愈滾愈大，你進行過愈多場公開演講（而且表現良好），就會有愈多人推薦你去演講。如果大家看到你的演說很棒，就會想邀請你去他們的活動上演講。除此之外，聽眾中也可能會有潛在客戶。

第一次參與公開演講時，要跟休息室裡的其他講者交流，以建立連結。這些人向來是轉介其他演講機會的絕佳資源。比方說，我就是在某場演講活動中認識了睡眠醫生麥可·布勞斯，而現在他也會推薦我去其他活動上演講。

再說一次，轉介一向都是最容易找到新機會的最佳方法，不過，你也可以請一位經紀人來幫忙。我跟一位經紀人簽了約，他會代表我談妥當年度收費演說的價格。並不是每個人的狀況都需要經紀人，你依然可以自行進行陌生開發。列出你所屬領域裡收費講者的名單，前往他們的網站，看看他們會去哪些活動進行演講，並記下活動的日期，再去現場推銷自己。

你的第一場演講可能是無償的——除非你是個很有名的人，或是已經擁有一個知名品牌，不然就是某項特定主題的專家。然而，一旦你開始在一些活動上進行免費演講，最後很有可能會帶來收費演講的機會。以我個人來說，與宜家家居合作的演講是收費的，那是透過一個策略性介紹而來。不過，就算是在那次之後，我一開始依然會在許多場合進行免費演講，目的是為了建立

我的信譽,並累積演講的經驗。

為了獲得更多演講機會,我也利用了我大量的社群追蹤數,進而脫穎而出。我告訴活動企劃人員,我可以向我的受眾宣傳他們的活動;活動企劃人員總是會想要聽到這句話,這對他們來說很有價值。

在網路高峰會上,我將自己的數位廣告專業更往前推了一步,以提供價值。網路高峰會的參加者超過 70,000 名,是全球最大型的科技會議之一。當我見到活動籌辦人員時,我已經做過一些研究,找出他們最熱門的影片的觀看次數,當時大概是落在 100 萬次左右;我告訴他們,我可以打敗這個觀看量,並利用我在《百萬粉絲經營法則》中講述的廣告策略,替這場活動製作了一支影片,得到超過 120 萬次的觀看量。

這則替網路高峰會製作的宣傳內容,讓我在可信度方面脫穎而出。活動籌辦人員對於這個成果感到非常開心,因為我提供了以往其他講者都未能提供的價值。這對我也有所幫助,從此以後,我都會利用這個案例來贏得其他收費演講的機會,這能讓活動籌辦方看見我能做出的貢獻。藉由提供這些價值,讓我有機會在全世界演講,例如,在我撰寫上述內容的當下,我正身在葡萄牙的一場演講活動中。

## 第一次上電視節目

我是透過一段我耕耘了 10 年的友誼，才第一次登上電視節目——福斯財經網。我經營那段友誼關係，並非因為我想要上那位女士的節目，而我也從來沒想過自己最後會上那個節目。

我在其他電視節目的露出都是透過公關人員，電視一直以來都不是我關注的場域；但是，再說一次，重點是運用你已擁有的人脈關係、提供獨特的價值，並利用你的社群受眾。電視節目製作人想要的是那些已經有受眾的人，因為他們認為這會讓更多觀眾收看節目；轉臺過來的人數很重要。你在社群上獲得的認同與信譽，會協助你脫穎而出，並增加你上電視的機會，進而幫助你擴張事業。

## | 要點提示與複習 |

- 不要替你的產品、服務或內容從零開始打造流量，
  而是要去那些已經有現成流量的地方。

- 社群媒體的廣告平臺是一個可擴張的絕佳流量來
  源，能讓你大規模地測試與學習。

- 你可以使用現成的流量來源，以快速培養你的社
  群追蹤數。我在一個月內就增加了 200,000 名以
  上的追蹤者，而且有些時候，單單一天就會增加
  75,000 名追蹤者。

- 若要在線下世界裡擴張你的事業，你需要去尋找超
  級連結者——那些跟你想合作的對象有密切關係的
  人。

- 與對的名人合作，會加速你的行銷流程。

- 你永遠不會知道，誰最後會對你生意的發展帶來幫
  助，所以要開誠布公、和善待人、花時間傾聽你遇
  見的每個人。

- 轉介與口耳相傳的廣告，是行銷你的事業最棒、也
  最有效的方法之一。

- 對你的事業長期而言，要確保你的鉤引點是有辦法

擴張的。

- 盡可能地做大、拉抬聲量，如此一來，你就能吸引到更多對的人的注意力，而這些人會對你的事業進程帶來極大的影響。

- 如果你能有效地結合線下和線上的聲量，就可以更快速擴張，並建立起長期的品牌。

# 第九章

# 以世界級的姿態脫穎而出

## 讓史嘉蕾・喬韓森跟你一起吃辣雞翅

**H**OOK POINT

現在，你已經知道如何創造鉤引點、述說引人入勝的故事、
建立信任及信用、傾聽並提供價值，以及如何擴張你的生意；因
此，你已準備好吸引重要客戶、拿下更大筆的生意，並懂得在高
層聚會中應對進退。建立並維持大客戶的關鍵，在於讓自己成為
大眾首先會想到的品牌，以協助自己在幾秒內就以世界級的姿態
脫穎而出。

## 賽琳娜‧戈梅茲和吉米‧法倫在吃辣雞翅時哭了

你不必發明一項新產品或服務，才能吸引到最頂級的客戶
——你只需要找到創新的方式來包裝你的產品或服務，使其變
得更具吸引力。《辣雞翅》（*Hot Ones*）是克里斯多福‧荀伯格
（Christopher Schonberger）製作的一系列網路節目，名人嘉賓
會在這個節目中一邊吃整盤辣雞翅，主持人希恩‧伊凡斯（Sean
Evans）則一邊訪問他們。期間，盤中雞翅的辣度會漸漸提高。
吸引大眾觀看該節目的鉤引點，是一群世界級的大明星吃著世界
級辣的雞翅，而且因為雞翅真的很辣，在訪問過程中會出現一些
瘋狂的反應。這些雞翅辣到讓有些來賓哭了，還有人吐了，喜劇
演員鮑比‧李（Bobby Lee）甚至當場拉肚子。[71] 這個節目的標
語是：「本節目的提問很辛辣，但雞翅更辣。」來賓每吃一支雞
翅，就會被問一個問題，如果他們有辦法吃完 10 支雞翅，就能
宣傳他們的作品。沒吃完的來賓還是能獲得宣傳的機會，但會被

列入節目的「羞恥名人堂」。

　　《辣雞翅》邀請過許多大牌名人當嘉賓，像是史嘉蕾‧喬韓森（Scarlett Johansson）、俠客‧歐尼爾、賽斯‧梅爾（Seth Meyers）、約翰‧梅爾、凱文‧哈特，以及娜塔莉‧波曼（Natalie Portman）；甚至還有直播版，是跟賽琳娜‧戈梅茲（Selena Gomez）在《吉米 A 咖秀》（*The Tonight Show Starring Jimmy Fallon*）裡的合作。荀伯格之所以能吸引到這些客戶，關鍵是想出創新的元素，讓這些訪談更有趣也更獨特。這個鉤引點讓他在一個人滿為患的領域裡脫穎而出，並吸引到世界級的賓客。

　　思考一下你該如何重新包裝看似普通的產品或服務，使其搖身一變、脫穎而出。如果你能找到創新的方法，或許有助於更快吸引到你夢寐以求的客戶。


## 獲取並維持世界級的客戶

　　頂級客戶通常難以觸及，但如果你能拿出具有價值的東西，並以正確的方式提供，那還是有可能攻占的。很多人會認為我能跟泰勒絲合作很了不起，但他們沒有意識到的是，這其實沒有一般大眾預期的那般困難。若要觸及特定地位階級的人，你只需要一套有效率的策略；我將這套向外開發的策略應用在一位超級連結者（上一章提過）身上。如果你想要觸及的是像泰勒絲這般等

級的人，你不能直接去找她，而是要透過她身邊信任的人去接
觸，並提供價值給其中的每個人。一如先前提過的，我跟泰勒絲
的經紀人、父親和母親會晤的時候，都提供了價值給他們，如此
才能達到我的終極目標，也就是跟她合作。如果我當初直接去找
她，便不可能成功，因為沒有可靠的介紹人，而她很可能不會跟
無法信任的人開會。

## 哈囉，名人，你信任我嗎？

　　等你打進你想要合作的高端人士圈子之後，就需要聚焦於
發展信任關係。名流、執行長和億萬富翁通常都很有戒心，會保
護自己不因他人的一己私利而被利用。如果你是跟這些人真誠對
話，而非試著賣東西給他們，你就會脫穎而出。若你能傾聽他們
所說的話，並對他們的問題與成長上的阻礙提供解決方案，他們
就比較可能會想要跟你合作。藉由提供有價值的資訊和見解，會
讓你將其他同樣試著接觸高端人士的人遠遠甩在身後。

　　麥可‧布勞斯補充道，很多億萬富翁與名人都會在意社群上
的公信力──不是指你在臉書或 Instagram 有多少追蹤者，而是
你寫的文章與媒體曝光的聲望如何。他建議，要經常更新你的個
人檔案，也要把你曾出現過的媒體報導放上去，如此一來就能快
速增加社群信用。布勞斯正是運用社群信用去進行陌生開發，讓
自己跟名流建立連結。舉例來說，他會搜尋有睡眠困擾的名人的

新聞，並主動聯絡他們，表示願意提供協助。

布勞斯通常會撰寫這樣的訊息內容：「嘿，我是一名睡眠專家，而我的所在地離你不遠。我想我可能知道你的問題在哪裡。我很樂意協助你，不收費。」十次裡有九次，對方都會花點時間查一下他是誰，也會因為他過去已證實為真的成就而聯絡他。最棒的是，等到布勞斯協助對方康復之後，他們通常都會跟其他人說布勞斯做得有多好，而這會為他帶來更多生意。

不過，在億萬富翁身上，他推進的速度稍微慢了一些（但仍穩定推進中）。你不會希望自己被視為專以賺取高端人士的金錢為目標，因此，如果布勞斯看到一位億萬富翁有睡眠方面的困擾，他不會去聯絡對方說：「嘿，讓我來解決你的問題。」反之，他會去建立關係。他可能會寄兩篇文章給對方，文章中的主角是布勞斯自己，而文章內容是針對對方的問題。當你的訪談出現在有錢人會讀的報章雜誌上，像是《羅伯報告》（*The Robb Report*）、《商業內幕》（*Business Insider*）和《華爾街日報》（*Wall Street Journal*）等等，這會為你帶來莫大的幫助——因為對於潛在客戶來說，這些內容會幫你建立起可信度。

如果沒有人報導你的產品或服務所涵蓋的議題，就思考一下名流和億萬富翁會出現在哪裡，以及你要如何讓自己出現在他們眼前。比方說，布勞斯與青年企業組織（Young Presidents' Organization）也有合作，若要加入該組織，企業的年毛利額必須超過 1,000 萬美元。因此，當布勞斯在這類團體面前演講時，

就等於是讓自己直接出現於一群他想要接觸的人的面前。加入鄉村俱樂部，或是在私人俱樂部演講，都有助於你進行社交活動、建立新關係，並獲得新生意。這些關係也會帶來轉介的機會，長期來說，這是觸及高端人士的最佳策略。

因此，若要發展出開發重要人士的策略，就要在他們的小圈子裡建立起信任感，也要讓自己出現在能夠被你想合作的對象看見的地方。如果你很擅長你正在做的事，並且真心實意地透過你的產品和服務提供解決方案給對方，那你就可以發展得長長久久。

## 什麼會讓執行長半夜睡不著覺？

分享力公司的布朗斯坦在準備跟高端客戶開會前，都會先自問：「什麼會讓執行長們半夜睡不著覺？」他發現，成功的顧問在跟大公司合作時，也都會這樣思考──他們會試著找出執行長想要解決什麼問題。當布朗斯坦跟組織的領袖們進到會議室時，他通常都會問：「身為公司的領導者，你認為什麼事情是最優先的？」以及「你最擔心的是什麼？」

跟這個層級的人互動過幾次之後，這些經驗使得布朗斯坦意識到，那些執行長級客戶在想的，可能不是「我們下一支爆紅的影片會有多少觀看次數？」，而是「全世界都在數位化，但我們還沒開始做，那我們要如何在這個新世界裡成為重要角色？」。

執行長所擔憂的，跟已經訂好預算和衡量指標的行銷總監所擔心的，非常不一樣。當你向這兩方人士推銷自己時，必須使用極為不同的方法切入。

最近，布朗斯坦與一家營收將近 500 億美元的全球大型企業集團董事長通了電話，為了獲得見面的機會，布朗斯坦提出的鉤引點是：「我知道您關注的是貴公司正在提高對於氣候變遷議題的意識，以及貴公司在其中所扮演的角色。我們現在正與狄卡皮歐基金會（DiCaprio Foundation）和其他關注該議題的重要人士合作。我很樂意與您討論我們該如何整合資源，帶來更大的影響力。」比起布朗斯坦提出的其他鉤引點（例如用來吸引該公司旗下近 100 個品牌其中之一的經理），上述的鉤引點顯得非常不同，也比他用來向大眾宣傳的鉤引點更加長遠。（這個較長遠的鉤引點之所以有用，是因為它是針對特定人士，而且是直接傳達給對方。）

你一定要按照每個不同的案例來量身打造訊息。假如布朗斯坦溝通的對象是一家背後有著投資人、預算很少的新創公司，那他就會提供他的服務裡最低價、但依然具有真實價值的選項。然而，若對象是一家早已站穩腳跟、有著數百萬預算的公司，並打算進行數位轉型，那他呈現資訊的方式就會非常不同。

一切都必須回歸到對於受眾及其需求的理解。你要確實知道你的目標受眾是誰，進而設身處地思考、提出正確的問題，這能讓你提供最好的服務給各種類型的客戶。

＊　＊　＊

**歐普拉會用三個問題開啟每一場會議**

　　歐普拉在開會時會問這三個問題：「我們開會的目的是什麼？」、「重要的是什麼？」、「有什麼東西是要緊的？」《高效習慣：卓越人士如何邁向頂尖》（*High Performance Habits: How Extraordinary People Become That Way*）一書的作者布蘭登・布查德（Brendon Burchard）解釋道，歐普拉用這些問題來協助會議室裡的每個人對於情況達成共識。

　　上述的問題可以協助我們了解 A 級客戶是怎麼想的——他們都很專注，也不想浪費時間。因此，下次在重要會議之前，先想想這些問題，讓這幾個問題幫你做好準備。

＊　＊　＊

## 在最高端圈子裡的生存關鍵

　　言出必行很重要，這有助於你維持你的信用和公信力，但如果出於某些因素，你無法交付所承諾的成果，你也要確保自己有辦法解釋原因。你和客戶之間的密切溝通很重要，你必須理解客戶的溝通風格，包含他們喜歡接收什麼類型的資訊，以及他們喜歡用什麼方式接收資訊。有些客戶喜歡你打電話更新近況，可能是每天一次、每週一次或每月一次；有些客戶則比較喜歡你用電

子郵件寄一份詳細報告給他們更新進度。你也可以運用第四章中提到的流程溝通模式，以協助你符合現有客戶或潛在客戶的溝通風格。

除此之外，釐清溝通的方式，則有助於你面對難以說服的客戶，比方說，凱文‧科斯納原先並沒有要跟健身教練合作的意思，但他妻子鼓勵他去見一見白金健身俱樂部的老闆彼得‧帕克。那是帕克初次覺得自己可能拿不下客戶。科斯納對於上健身房絲毫提不起勁，帕克花了很大的力氣才找到一個鉤引點，讓他產生動力──帕克意識到，科斯納對於棒球深深著迷。當這位演員來到健身房時，看見帕克正在輔導很多職棒選手健身，他就會因此產生動力。他們也開始聊到棒球，而科斯納會因為帕克對於他所熱愛的棒球運動的深入了解，感到相當興奮；這就是破冰的那一個鉤引點，也讓科斯納對於帕克在健身方面的經驗開始有了興趣。從棒球開始，他們繼續聊到自己的孩子，自此之後，他們倆的關係就變得很好。

我在拿下一位名流客戶（或是其他任何客戶）之後，都會先釐清他們是誰、他們喜歡哪種溝通方式、他們喜歡或不喜歡什麼，以及他們在生意上有什麼相關的議題。接下來，我會整合這些資訊，想辦法跟他們維持有效的溝通與穩固的關係。

我們的生活和事業都圍繞著溝通打轉。某種程度上來說，每次的衝突和戰火都是源自於糟糕的溝通。因此，你要盡己所能，成為最厲害的溝通師，進而打造和諧及成就。

## 你的外套不合身，拿給裁縫改一改吧

彼得・帕克常常會跟自己比賽，看看自己可以多快釐清一名新客戶需要哪種類型的運動計畫。現在，他能夠很快就判讀出這個人是 A 型，需要超級嚴格、充滿挑戰的健身訓練，並搭配嚴謹的飲食計畫；又或是應客戶要求，給予一套比較輕鬆的訓練方式。帕克在第一堂課就能找出最佳方案，並立即提供價值。

他提到，有些私人健身教練會把同一套健身課程套用在所有客戶身上，那樣是不可能成功的──在客戶留存率上，這通常會造成問題。反之，他們應該要多多實驗，替每位客戶找到最好的健身方法。

同一個尺碼的衣服通常不能讓每個人穿起來都合身，這也就是為什麼所有公司都會套用測試和學習的過程。如果你想要獲得一流的客戶，就要有適應力，也要將每個人視為獨立個體，並且要符合對方的需求，如此一來，你就可以為所有人提供一流的服務。

## 用信心完美達陣

與知名客戶合作時，很多人會把自己搞到快瘋了──他們會緊張、失去信心。但是，彼得・帕克不一樣，即便進了伊隆・馬斯克的家門，他依然能夠很清楚地認知到，這位創業家不過也就

是一個普通人罷了。當他看到馬斯克開始有所動作時，他就順著其節奏。帕克理解到，不管地位或名聲高低，人就是人。

然而，帕克並非總是如此冷靜。在他剛開始跟大客戶合作時（例如藍斯·阿姆斯壯），他也很容易變得極度緊張。經過時間和經驗的累積，他才發展出百分之百的信心。現在，每當他抵達現場時，都很清楚地知道自己正在做很擅長的事，他的心態是：「我要讓這個傢伙發現，他沒有我不行。」他的客戶渴望健康美好的體態，而他知道自己能幫助他們達成目標。

在一開始，當你身處於最高端的環境裡，還要與那些全球頂尖成功人士打交道，會產生不安全感是很正常的。為了好好控制這種無用的緊張感，你要專注於當下，並將注意力放在工作上。

## 劃底線是一門需要技巧的藝術

有時候，與名流客戶合作並不輕鬆，他們可能需要很多額外的關注；如果你的名單上有太多這類型的名人，就會流於不切實際。你必須替自己設好底線，也要確保自己沒有在特定客戶上花費過多的力氣，尤其要確認這個人是否會對你其他的生意和客戶造成損害。

最近，我跟一位想和我合作的名流客戶進行了討論。根據與對方團隊一開始的對話，我就知道很難與他合作。我最後為我的服務貼上了高額的價碼，因為我並非真的想要接下這名客戶；而

如果我真的要接，我希望在財務上取得足夠的報酬，才值得我去應付這些潛在的困難。有鑒於我開出了超高的價碼，因此這筆生意沒有成交（而這正是我這麼做的原因）。

為了提供世界級的服務，你需要避開會讓你感到負擔、難搞的人。以我個人來說，我不想要應付那樣的能量，我擁有其他會支付很多酬勞的私人客戶，而我需要將大量注意力放在他們身上，以確保他們的成功。因此，我很謹慎地決定要跟誰合作。在接下任何新客戶之前，我都會先審查他們，以確保自己真的適合與他們合作。

不要因為某個人很有錢或名氣很大，就去接近對方。你要替自己和你的生意劃出底線，這能讓你維持真正重要的客戶的信任，以及你的信用。你一定要選對客戶──那些你可以與他們建立健康關係的客戶。如此一來，你將會擁有最好的狀態，以提供五星級的服務。

## 當弱點等於成功

你必須知道你的強項所在，並找人在弱項上協助你。清楚知道自己在做什麼、不擅長什麼，這一點至關重要。有了這份認知，你就可以加強你擅長的事情，更有效率地運用你的能量。

很多人會以為應該要顛倒過來──他們覺得自己需要把注意力放在弱項上，並努力填補這項缺失。假設那個項目是關鍵的技

能或專業領域，而且會決定你的成功與否，那就去做吧，努力讓自己進步；但要是並非如此，我的建議是聚焦在你的專業上，換句話說，如果你擁有溝通和語言的天賦，那就不要把力氣放在數學和編寫程式上。

## 最成功的人什麼都不懂

最成功的人都很謙虛，他們知道自己並非萬事通，因此他們求知若渴。相反地，無知的人以為自己什麼都知道，因此也就不再學習了⋯⋯然後就會失敗。我發現，無論這些人是競爭對手或是相關領域裡的人，我都可以從他們身上學習。我很喜歡跟別人聊他們的定價結構、商業模式與行銷策略——我樂於了解他們是用什麼方法處理工作的各個面向。然後，我會拆解我學習到的內容，並釐清如何運用這些資訊以改善自己的商業模式。

最近，我遇到一位作家，他也是一名執行長，名叫奈森‧拉卡（Nathan Latka）。他是位非常聰明且成功的創業家，也是《華爾街日報》暢銷書《新富人的捷徑》（*How to Be a Capitalist Without Any Capital: The Four Rules You Must Break to Get Rich*）的作者。我有幸與他共進早餐，同時聽他細細講述商業策略。我對他所說的一些內容都有所共鳴，其中一點是關於他剛開始創業的時候，只會向潛在客戶和合作夥伴展示價值數百萬美元的交易。他知道大部分交易都會被拒絕，但這讓他學會了如何自在地

開口要求更多的報酬。我發現這是一種非常聰明的商業思維方式
——你很快就會知道要怎麼改變你對自己值多少錢的認知，以及
如何向他人展現你的價值。

　　透過跟那些聰明又老練的商業界人士交談，你可以學習他們
做生意的方法。你不一定要照著做，但你可以取得並消化那些資
訊，進而決定要怎麼使用。你不必浪費時間做白工，而是讓其他
人的成功成為你的嚮導，引導你通往自身的成功。

　　（如果你有興趣讓我親自指導你或是給你建議，請透過
電子郵件聯絡我：bkane@brendanjkane.com，或者請造訪：
brendanjkane.com/work-with-brendan。）

## ｜要點提示與複習｜

- 建立與維繫重要客戶的關鍵，在於讓人們第一個想到的就是你。

- 如果你想要接觸到名流、執行長或是億萬富翁，不要直接去接近他們，而是要透過他們身邊的信任圈，並提供價值給裡頭的每個人。

- 在跟執行長開會之前，先問問自己：「什麼事情會讓他們半夜睡不著覺？」

- 當你跟各機構組織的領袖開會時，要先問：「身為公司的領導者，你認為什麼事情是最優先的？」以及「你最擔心的是什麼？」

- 如果你想要獲得一流的客戶，就要有適應力，也要將每個人視為獨立個體，並且要符合對方的需求，如此一來，你就可以為所有人提供一流的服務。

- 假如你在高層級的人身邊會產生不安全感，記得專注於當下，把注意力放在工作上。

- 你必須知道你的強項所在，並找人在弱項上協助你。

- 你不必浪費時間做白工。從他人的成功中學習，讓這些經驗成為通往你自身成功道路上的嚮導。

# 第十章

# 舊鉤引點已死

## 新鉤引點萬歲！

H OOK POINT

　　如同我們在本書裡所討論的，鉤引點的目的，是為了幫助你在這個 3 秒鐘的世界裡脫穎而出，並讓你得以成長。而當你找到那套完美鉤引點流程之後，就會需要建立一個穩固的品牌基礎，以支撐你的鉤引點所帶來的成長。如果你的品牌很穩固，那你最好要能夠駕馭這個有效的鉤引點所吸引到的關注，以及這些關注所帶來的力量。

　　你也需要願意持續修改、測試，並創新你的鉤引點（特別是在成功之後），今天能夠產生效果的做法，明年、下個月，甚或下星期不見得同樣有用。這是因為有幾項會造成我所謂「鉤引點疲勞」的因素，我會在本章的最後談到。參與這個流程會為你帶來長期的成功。

## 你是誰？

　　集體作品（Works Collective）公司創辦人，同時也是美國最頂尖的品牌策略師之一的納特‧摩利（Nate Morley），當他與品牌合作以求讓對方達到更高水平的發展時，他會協助他們回答一些關於他們是誰的基礎問題：

- 我們的目的是什麼？
- 我們為什麼而存在？
- 我們想要說什麼？

- 我們想要對誰說？
- 我們有什麼不同？
- 我們重視什麼？
- 我們如何行動？
- 我們跟其他相同領域的人有何不同？

摩利解釋說，當品牌回答出這些問題時，他們就能明白自己是誰，並發展出獨到的觀點。他相信持續的成長、力量以及成功，不只是來自於理解自己**做什麼**，也同樣來自於理解身為一個品牌，**自己是誰**。如果你只會談自己在做什麼，你就是讓自己在面對競爭對手時變得脆弱，而且你將不會與他人建立長期且有意義的連結。摩利表示：「世界上最好的品牌，會努力在行銷上跟大眾說自己是誰。他們正在做的事、製造的產品，或是提供的事物，都會轉化為一種訊息或證據，以傳達出他們是誰。」

然而，摩利也表示，對於那些剛起步的公司而言，在談論自己是誰之前，必須先談論自己在做什麼。舉例來說，相簿印刷公司 Chatbooks（也是摩利擔任顧問的公司）在行銷上是從「從你的 Instagram 帳號印出一本 6 美元的相簿」的說詞開始，這樣的訊息讓公司得以起步、營運──最初的使用者需要知道 Chatbooks 在做什麼，但隨著公司的進化和競爭者的出現，他們最後也需要改變這則訊息。

摩利做了假設：「試想，如果 Chatbooks 在創立後的兩年還

在使用同樣的訊息，然後，有另一家公司出現，並說『從你的 Instagram 帳號印出一本 5 美元的相簿』，這就會讓 Chatbooks 變得不堪一擊，而這在任何領域都是必然發生的狀況。到了某個時間點，品牌必須從自己在做什麼，改成談論『自己是誰』，才能讓客戶保有忠誠度。」

聚焦於談論自己是誰，能夠讓品牌長久走下去。為了協助 Chatbooks 在「從你的 Instagram 帳號印出一本 6 美元的相簿」之後繼續成長、進化，摩利詢問創辦人為什麼要創立這家公司，以及為什麼他們想要賣相簿。透過對這些基本問題的回答，創辦人發現了「他們是誰」，還有「他們為何要這麼做」，一切都是因為他們強烈渴望加深每個人與家人之間的連結。發現這一點之後，摩利發想出這樣的訊息：「抓住最重要的東西。」Chatbooks 是讓人們抓住有意義的東西（回憶、人、體驗等等）的好方法，而且是個全新的方法。這句話還帶有雙重意義——顧客不只可以抓住他們的回憶，也可以把實體的相簿握在手中。

摩利說道：「Chatbooks 從一家『印製 6 美元相簿』的公司進化成『抓住最重要的東西』的公司，而且，最後他們又進化了一點點——目前他們談的是加深家人之間的連結。」摩利表示，經過科學證實，如果手邊有可取得的實體家庭相片，真的可以在孩子、父母、祖父母和表親之間建立起連結；照片真的會讓家庭關係變得更緊密。Chatbooks 成為一家會幫助大眾強化家庭關係的公司，而這可以用很多種不同的方式來表達。由於摩利所提供

的指導，協助品牌理解了「我們在做什麼」以及「我們是誰」之間的差異，進而讓他們能夠有所進化。

因此，你要花點時間發掘你是誰。這會讓你的生意成長，並持續長久地發展下去。你的顧客會對「你是誰」保有忠誠度，而不是對「你在做的事情」。若想釐清自己是誰，可能要花點時間，但你還是得拿這些基礎的問題捫心自問，你不會後悔的。

## 這不容易，但很簡單

很多人都覺得發想出厲害的鉤引點和故事很困難。文案寫手恩尼斯・路賓納奇說，事實是，這可能很難，但也很簡單。他指出，寫出一部電影劇本、攀登喜馬拉雅山，或是完成鐵人三項，絕對都不是什麼容易的事情，但它們實際上都滿簡單的——執行幾個清楚的步驟，以達成目標——真正的麻煩在於，很難完成這些步驟。舉例來說，若要完成鐵人三項，你只需要完成游泳 3.86 公里、騎自行車 180 公里，以及跑步 42 公里。路賓納奇向人們解釋這一點的時候，大眾的反應通常是：「聽起來很難。」而他則會這樣回覆：「我沒說那很容易，我是說它很簡單。」

路賓納奇繼續說道：「想要找到讓公眾停下腳步的鉤引點很簡單。我們都知道那聽起來是怎麼一回事——就像是 1969 年的新聞標題所寫的：『凌晨 3 點 56 分：人類踏上月球』。」[72] 事後要找到一個厲害的鉤引點很容易，製作鉤引點所需的步驟也很

簡單，然而，真正要替自己的生意或品牌找到一個鉤引點卻很困難。這就是為什麼你需要每天努力練習，並且把鉤引點框架放在心上。無論你想嘗試什麼，都需要反覆執行才能成為大師。幸運的是，我有一項優勢是過去 15 年來天天都在練習這套流程。

（因此，如果你或你的公司希望獲得我的團隊協助你創作鉤引點，請造訪 www.hookpoint.com/agency 並填寫一份簡短的問卷，談談你的公司和目標。）

## 經營你的品牌，就像漫威經營自家品牌一樣

奧美娛樂（Ogilvy Entertainment）前總裁、Big Block 公司現任總裁道格·史考特（Doug Scott）認為，由於我們生活在一個由「瞬間」所構成的世界，數位和社群媒體讓一切運轉的步調都更加快速，因此，品牌往往忽視了跟顧客建立長期關係，反過來著重於短期的宣傳和溝通。他解釋道，雖然現在很多銷售工作都是直接與消費者對話，但品牌還是需要持續建立自身的文化重要性。很多時候，人們都是處於一種流動的狀態，或是在常規活動中小憩片刻，而在這短暫的休息時刻，他們會去滑社群媒體，一直滑到有什麼東西勾住他們為止。現在，你可以在很多的微型接觸點上，快速對消費者進行行銷或銷售。然而，若要真正成功將這些短暫的注意力轉化為真正的銷售，就需要跟消費者建立有力的關係，而且在不同平臺上，你述說的故事全都要有一致性。

　　你必須謹記品牌是說故事的人，就跟漫威工作室沒什麼兩樣。史考特認為漫威的總裁凱文·費吉（Kevin Feige）在跨平臺說故事這方面做得有聲有色。史考特表示：「漫威和迪士尼都建立了一個橫跨多平臺的元宇宙，這一點至關重要，讓觀眾得以跟他們的故事和角色做連結。因此，這對漫威來說是一項策略性工具，這個全球性的品牌，會確保自己在各個平臺上述說的故事，都維持訊息的清晰與一致性，這非常重要。」

　　你不能在社群媒體上抓住一個人的注意力之後，就放著不管這段關係，或者又創造出跟其他內容全然不同風格的東西。你的品牌結構必須像是一間電影工作室。史考特說，讓產品一步步爬到大師級的品牌定位，就如同擁有特許經銷權的系列電影一樣，會讓你的投資有所回報，每一季都會為你的「工作室」帶來營收；你也應該要清楚知道，你的「絨毛玩偶」與「主題樂園體驗」，都是你的智慧財產權的一部分，而不是其他人的。這些玩具就像是你的產品，主題樂園則像是你的實體店面或社群內容，是一個大眾可於此互動並體驗你所製作的東西的地方。

　　基本上，每個接觸點都應該要連結在一起，若要做到這點，你必須了解特定的平臺在你的故事裡，扮演了哪種角色。史考特認為，無論一個受眾是在度過漫長的一天之後，一邊休息一邊觀看 30 秒的電視廣告時，在社交媒體上碰巧看到一則內容，或是剛好收到電子郵件，品牌故事在任何一處都需要保持一致性且要切題，這會讓你贏得認可和信任，也能讓你獲取消費者有限的時

間和注意力。

　　使用本書所提供的工具，能幫助你創作出更強大的品牌故事。除了要發展出具有真實性的鉤引點和故事，同時也要提供價值給你的受眾。

## 找到你的魔球方案

　　恩尼斯‧路賓納奇說，電影《魔球》（*Moneyball*）中有個重要的劇情點，就是多年以來，球探都會細細研讀大量的數據，以決定預選某位選手是否值得。電影中，喬納‧希爾（Jonah Hill）所飾演的角色發現，到頭來，只有選手能否上到一壘的數據是最重要的，因為如果他們無法站上一壘，就沒辦法跑壘得分。聽起來可能很難以置信，但如果選手們可以不斷站上一壘，就能減少他們在其餘項目中的負面數據所帶來的影響──反之亦然，即便是很擅長站某個位置、拿各種紀錄來吹噓的球員，若他們無法經常性地站上一壘，對於隊伍的幫助都不大。

　　路賓納奇運用這樣的類比，試著替所有客戶找出「魔球方案」。對於商業策略和廣告來說，魔球方案是一項原則，能讓公司了解自己為何做出這樣的決定。比方說，路賓納奇的設想是，蘋果的成功是奠基於其信念系統：「如果你想要成功，無須更努力地動腦或變得更聰明；你只需要有**不一樣的想法**。」這個「不一樣的想法」的原則，正是幫助蘋果做出所有決定的魔球方案原則。

「為什麼蘋果會想要開自家品牌的零售店面？他們不能放在電器零售店百思買（Best Buy）販售嗎？」答案是：「不行，因為他們得要有不一樣的想法。」如果有人問：「為何蘋果會投資這麼大量的金錢和精力在設計和包裝上？人們一打開箱子，不是就把這些東西丟掉了嗎？」根據魔球方案，答案依然是：「對啊，但他們有不一樣的想法。」

另一個曾因為擁抱了魔球方案而受益的公司是聯邦快遞（FedEx）。路賓納奇提了一個問題：「你知道，為了要在商業上取得成功，有些東西就是一定、絕對、必須要隔夜送達嗎？」大部分的人都會回答：「對，我知道。」「那你知道，很多人每週的工時已經不是 40 小時，而是 80 小時，因為每天下班的時候，都會有一大堆東西需要被寄送到國土的另一端，而且一定得隔夜送達嗎？」同樣的，大部分的人都會回答：「知道。」「好的，聯邦快遞就是這個問題的解決方案。」

你可以說，在公司的發展過程中，聯邦快遞所做的每一件事，都是為了將託付給他們的包裹，在指定的時間送達指定的地點。當聯邦快遞決定購入更多貨車時，是因為這會協助他們信守承諾。而當他們決定收購影印連鎖店金考（Kinko）時，是因為這樁併購案，能讓他們更易於將更多種類的物品，在需求時間內送達需求地點。聯邦快遞所做的每個決定，都運用了一套魔球式的指導原則。

在我看來，魔球方案同樣也適用於鉤引點的重要性。擁有一

個厲害的鉤引點,是魔球方案的第一步,因為那等同讓你在客戶面前上了一壘。沒有鉤引點,就無法取得任何人的注意力,也就無法跑壘得分。鉤引點會讓你贏得消費者的時間和注意力,能讓你向他們述說你的故事,以及驅動你的事業的信念。

## 同理心是驅動創新的最佳燃料

路賓納奇表示,當你試著發想鉤引點和故事的新點子時,應該要始終記得「同理心是驅動創新的最佳燃料」。作為一個品牌,你應該要試著解決大眾的問題,而且一般來說,你能夠替客戶解決的最重要的問題,同時也必須是只有你的產品才能解決的問題。

比方說,路賓納奇曾解釋道,Nike 一直以來想協助解決的主要問題是,儘管許多人都渴望運動,但並非每個人都有足夠的信心去健身房、上健身相關的課程,或是親自從事某項運動。Nike 的解決方案是持續鼓勵所有人,無論如何,「做,就對了」。這則訊息的高明之處在於,你甚至不必買他們的產品──只需要起身去做自己想做的事就對了。

路賓納奇補充說明道,對我們大部分的人來說,不管是工作還是生活,我們個人的問題都會在腦袋裡反覆翻騰著。因此,試著搭配你的鉤引點、故事或產品,並詢問受眾:「我能如何協助你?」而不是「你要不要試試我們最新的 XYZ?」如此一來,你跟你的消費者將會有更好的連結。用同理心預測並理解顧客的需

求，會幫助你在宣傳活動和產品時，找到有意義且創新的解決方案。同理心會讓你走得更快更遠，也有助於你想出更好的鉤引點。

## 為了成功，要有包容心

《傻瓜書》系列的創作者約翰・基庫倫說道，一般而言我們都會僱用跟自己類似的人，或是熟悉的人。他建議你打破這個循環和常態。有了對於思維、地理位置和觀點的包容和多樣性，你會得到更多的真相，也會更快獲得開創性的見解。

他也建議你在公司與團隊裡，創造出具有**正向壓力**的環境，正向壓力指的是適度的心理壓力，這會為人帶來好處。創造出這類型的環境，會使大家覺得自己正在成長。他們會認為，哇，這**很花時間和力氣，但我覺得有挑戰性、有動力，而且躍躍欲試。**然而，要小心，你必須在人人感到壓力過大、隨時處於戰鬥或逃跑的狀態，以及真正對於挑戰充滿熱忱的環境這兩者間取得平衡。

## 鉤引點馬拉松

忍耐、堅持到底、具備學習的意願，是大部分人成功的核心。如果你放棄，就可能會失敗。你必須維持高度的工作倫理，而且要讓身邊充滿可以激勵並支持你的人——遠離那些會打擊你、不相信你的夢想的人。

　　當你努力朝著夢想前進時，也要始終清楚自己是誰，以及你為什麼要做你正在做的事。讓你的鉤引點與你個人的理想保持一致，並透過你的故事提供價值、忠於自我。再說一次，不要放棄。你愈常實踐本書裡的原則，就會學到愈多，這能讓你在這個3秒鐘的世界裡快速脫穎而出。

## 鉤引點疲勞：即便你成功了，也要嘗試再嘗試

　　終有一天，你會找到一個協助你脫穎而出的鉤引點，並讓你的品牌得以擴張。當這件事發生的時候，你可能會認為你的工作告一段落了──你確定嗎？再想一下吧！──事實是，關於將鉤引點框架應用到品牌上，你的工作才剛開始呢。鉤引點需要時時修改、測試與創新，今天有效的東西，明年、下個月，甚或是下星期可能就無效了，這正是造成我所謂「鉤引點疲勞」的幾個因素之一。

　　造成鉤引點疲勞的第一個原因就藏在那句老話裡：「模仿是最真摯的恭維。」如果你想出了一個具有創新性的鉤引點，無可避免的，最後就是會有人抄襲你的概念。發生這種事的時候，就當作是對你的稱讚，然後回到你的白板前，因為你的鉤引點接下來將會變得沒那麼有效。不幸的是，即便另一家公司畫虎不成反類犬，仍舊會讓你的鉤引點變得沒那麼獨特。

　　先前我們討論過，其他品牌是如何開始抄襲 Toms 品牌的

「買一雙，捐一雙」鉤引點。這個鉤引點很棒，效果非常好，但是，當其他品牌也開始在宣傳活動中執行這個概念之後，就變得沒那麼獨特，因此也就沒那麼有效了。同樣的狀況也發生在網飛原創的鉤引點上，一開始網飛發布了串流服務，澈底擊敗了競爭對手，尤其是百視達；現在，葫蘆（Hulu）、亞馬遜、迪士尼和Showtime 電視網都有自己的串流服務。這些競爭迫使網飛有所創新，這也是為什麼光是 2020 年，他們就投入了 170 億美元在內容創作上。[73] 目前網飛的原創內容，例如《怪奇物語》和《雨傘學院》（*The Umbrella Academy*），就是網飛引人入勝的鉤引點。

　　你需要一直讓鉤引點與時俱進的第二個原因是，無論其他品牌有沒有抄襲這些鉤引點，鉤引點都會漸漸失去吸引力。當公眾開始對你的鉤引點感到熟悉，你就得被迫創新。迪士尼樂園（Disneyland）與迪士尼世界（Disney World）的決策者很清楚這件事，這也是他們投資了 10 億美元打造「星際大戰：銀河邊緣」主題園區的原因（就是第一章提過的，加州迪士尼樂園和佛州迪士尼世界裡《星際大戰》的主題園區）；[74] 迪士尼知道，若要維持高營收，他們需要大量遊客經常回訪遊樂園。再說一次，我並不是在暗示如果迪士尼再也不發布新的遊樂設施，就沒有人會再去這些娛樂場所——我只是在解釋，倘若迪士尼想要維持市占率，並且在我們所生活的這個 3 秒鐘的世界裡持續抓住大眾的注意力，他們就得維繫住自身地位，創造讓人們會想要再度回訪的內容和新的鉤引點。

## 每週都有一個新的鉤引點？

　　對每個品牌和公司來說，需要產生新鉤引點的頻率都不一樣。有些品牌可等待的時間長達 2 年，而其他品牌則可能需要以日為單位去創造新的鉤引點。比方說，我跟凱蒂‧庫瑞克合作時，我們每隔幾天就會做訪談並製造新的鉤引點，以促使群眾觀看她每天發布的內容。相較於網飛，Nike 與其他更大的品牌就不需如此頻繁地發想鉤引點。除此之外，也要盯緊你的競爭對手，因為他們的行動會影響到你需要創作新鉤引點的頻率。最重要的是，無論你所處的產業為何、你的品牌規模是大是小，我都會建議你要經常把下一個鉤引點放在心上。在我們這個微型注意力的文化裡，手邊隨時有可用且吸引人的鉤引點，是確保你能夠脫穎而出，並維持及增加市占率的最佳方法之一。

　　話雖如此，我還是要警告一下——你要確保以一種不會讓消費者感到混亂的方式，來發展與改變鉤引點。以 Nike 和網飛的定位而言，擁有上百個、甚至數千個鉤引點，也不會讓他們的消費者感到混亂，因為大眾對於這兩個品牌太熟悉了——他們擁有堅實的基礎和品牌聲量，使得他們在發想鉤引點的時候不會迷失。其餘沒那麼知名的品牌，就沒有這麼奢侈的空間了，他們一開始可能會需要先集中在 1 到 2 個鉤引點上，為期半年到一年，以建立一個堅實的基礎（而且要在他們達到鉤引點疲勞之前），再來，他們就需要著手去找新的鉤引點。

## 創作鉤引點的五步驟是你的救生艇

理解鉤引點，並遵從五個創造鉤引點的步驟，通常對任何公司都能帶來幫助。如果你將這套框架應用到整體商業策略裡，就會比競爭對手更有優勢。持續修改並檢視你的鉤引點，能替你帶來力量。即便克雷・克里蒙斯憑藉自己撰寫的文案，就銷售了超過 10 億美元的產品，他也依然在替金河馬公司的登入頁面進行測試與文案編寫。他表示：「我還是會撰寫鉤引點、標題和文案，因為這能讓我保持新鮮。測試新的鉤引點，可以讓我持續創新，並經營一家更為成功的公司。」

我希望你闔上本書的時候，能夠帶走對於鉤引點框架的深入了解（以及你在本書裡所學到的一切），這是你應該要反覆使用的工具。你在第一次創作時，很有可能寫不出最好的鉤引點，而即便你初試啼聲就中了大獎，那個成功的鉤引點最終還是會消逝。為了取得長期的勝利，你需要一直創造、測試並修改鉤引點。我所認識過那些最聰明的人當中，其中有些人就是透過持續對自己及其品牌進行測試和改善，才能獲得了不起的成果。

今天有效的東西，明年、半年後，甚或是明天可能就無效了。為了維持自己的地位，並且讓潛在消費者能夠在第一時間想到你，你必須逐漸養成鉤引點框架的概念，以「測試、學習、進化」的思維模式來做生意。這會讓你製作出最佳的鉤引點，也會讓你的品牌、產品和服務，更有機會取得長期的成功。這些概念

會幫助你在競爭對手出招、經濟衰退、整體產業出問題，或是路上出現其他阻礙的時候，得以繼續生存下去。創新會讓你變得強大，而且會讓你在這個 3 秒鐘的市場裡，占據最顯眼的位置。

## ｜要點提示與複習｜

- 建立堅實的品牌基礎，以支撐並維繫隨著你的鉤引點吸引而來的成長。
- 花時間回答本章中所分享的基礎問題：「身為一個品牌，你是誰？」這會帶給你持續性的成長、成功以及力量。
- 為你的品牌或產品找到一個鉤引點很困難，這也是為什麼需要每天都下功夫去做，並且把鉤引點框架放在心上。
- 品牌是說故事的人（與漫威工作室沒什麼兩樣），因此，你必須將品牌視為一間電影工作室，也要讓你的訊息在各個不同的平臺之間都很清晰、保有一致性。
- 鉤引點有助於贏得消費者的時間和注意力，如此一

來，你便能向他們述說你的故事，以及驅動你的事業的信念。

- 運用同理心去理解客戶的需求，你就可以用有意義且創新的解決方案，架構你的宣傳內容。

- 鉤引點需要時時修改、測試以及創新。

- 在我們這個微型注意力的文化裡，手邊隨時有可用且吸引人的鉤引點，是確保你能夠脫穎而出，並維持及增加市占率的最佳方法之一。

- 如果你將鉤引點框架應用在整體商業策略裡，就會比競爭對手更有優勢。修改並檢視你的鉤引點，有助於你在競爭對手出招、經濟衰退、整體產業出問題，或是路上出現其他阻礙的時候，得以繼續生存下去。

- 學習養成「測試、學習、進化」的思維模式來做生意。

- 創新會讓你變得強大，而且會讓你在這個 3 秒鐘的市場裡，占據最顯眼的位置。

# 謝詞

　　首先，我想要感謝我的出版經紀人，也是世界上最好的經紀人比爾·格拉德斯通。沒有他，就不可能會有這本書。比爾，我還是感到很驚訝，像你這麼有聲望、代理超過 50 億美元書籍銷售額的人，竟然願意花時間帶領這個計畫與我的作家生涯。謝謝你持續的支持，也很期待未來一起合作的書。

　　謝謝你，拉森·阿內森，謝謝你是這麼棒的朋友。我很享受我們那些充滿深意的談話，關於如何為我們還在派拉蒙電影公司時拍攝的所有電影取得最大效果，而且我很高興我們往後還會繼續進行精彩的對話。非常感謝你為本書做出的貢獻。

　　致麥可·布勞斯，謝謝你多年來的友誼與引導，我期待繼續與你共同努力下去，為世界帶來正向的影響。

　　艾瑞克·布朗斯坦，我永遠都會感謝這些年來你所提供的指引和見解。你和你在分享力公司的團隊非常優秀，而且你的觀點總是很有價值。

　　謝謝你，克雷·克里蒙斯，謝謝你的友誼。能夠向你學習，一直都是我的榮幸，我也很喜歡花時間與你和你的妻子莎拉·安·史都華相處。你為我所做的一切、分享的所有知識，我都很感激。我也很期待我們往後的友誼。

啟斯・法拉利，謝謝你一直都是這麼好的朋友、導師以及協作者。我很期待未來與你更緊密地合作。

致納文・構達，感謝你是這麼了不起的創作者和合作者。你教會了我很多事，包括內容創作、心態，以及運用可觸及數千萬、甚至上億人的方式去處理內容。我很期待我們持續的合作，也期待看到你的專業對其他人的社群媒體目標帶來巨大的影響。

一如往常，謝謝你，邁克爾・約爾科瓦奇，謝謝你多年來充滿創意的合夥關係、引導以及支持。我很樂意繼續與你合作，共同完成未來的案子。

吉姆・肯恩，很謝謝你作為一位父親和商業人士多年來的支持和開導。我真心感激從我創業最初開始，你所用來替我檢視合約的無數時間。當然，也謝謝你在本書中跟我分享的智慧，我知道這會為他人的生命帶來重大的影響，正如同對我的人生所帶來的影響那般。

致約翰・基庫倫，非常感謝你在本書中跟所有讀者分享的經驗，它將會提供非常高的價值，我也非常感激你的見解，使我從中獲益良多。

謝謝你，傑夫・金恩，你在流程溝通模式方面的指導，改變了我的人生，我由衷感謝你的支持和引導。我很喜歡我們談到關於溝通的那些談話，以及溝通不只會影響到公司、內容、社群媒體，也會影響到日常生活。流程溝通模式和你，在我的人生中都極其重要。

致維申‧拉克亞尼，謝謝你花時間替我寫了推薦序，並支持我的成果。我希望我們可以繼續合作，一起替所有的「伊芙」們，創造一個更美好的世界。

亞立斯‧立維安，非常感謝你參與了本書，作為朋友與生意上的夥伴，能夠認識你真的是非常榮幸。你擁有豐沛的智慧與知識，我知道這將會讓世界朝著正面的方向改變。

致恩尼斯‧路賓納奇，感謝你花時間分享了知識和智慧，而且不只是跟我，而是跟全世界分享。即便我們相識的時間不長，但我真的很期待能夠持續與你對話，並找到不同的方式來合作。

謝謝你，納特‧摩利，不只是因為你在本書裡所提供的知識，還有你在我們的對話中所給出的知識。你對於品牌經營的經驗與知識無人能及，你總是能找到創新的方法帶來影響。

彼得‧帕克，謝謝你過去幾年的開導，以及在健康和幸福方面的協助。你對我的生活造成了重大的影響，個人和專業生活皆是。我很感謝你願意在本書裡分享你的經驗和故事，我知道這會對很多人的生活帶來影響。

致水岸製作的團隊，謝謝你們對本書的付出，以及為了上市所做的準備。誠摯感謝所有的團隊成員，特別是比爾和嘉爾‧格拉德斯通（Bill and Gayle Gladstone）、吉兒‧克拉瑪（Jill Kramer）、基尼斯‧凱斯（Kenneth Kales），以及喬許‧弗列（Josh Freel）。

謝謝我團隊中優秀的成員們。若是沒有你們持續的努力和付

出，我們不可能有這樣的成長。特別要向以下幾位致意：斐伊·喬蘇孔席（Faye Chuasukonthip）、斯特拉希爾·海德席夫（Strahil Hadzhiev）、派翠西雅·韓席格爾（Patricia Handschiegel）、哈維·維托（Javier Vital），以及蓋瑞·懷特（Gary White）。

　　最後一位，也同樣重要的，泰拉·蘿絲·格拉德斯通（Tara Rose Gladstone），謝謝你對於本書創作所做的付出、努力以及支持。有了你的知識和努力，才可能有這本書。我相當感激能與你合作，也期待未來能持續合作其他案子。

# 注釋

1.  Ryan Holmes, "We Now See 5,000 Ads a Day... and It's Getting Worse," LinkedIn, Feb. 19, 2019, https://www.linkedin.com/pulse/have-we-reached-peak-ad-social-media-ryan-holmes/.

2.  Ron Marshall, "How Many Ads Do You See in One Day?" Red Crow Marketing Inc., Sept. 10, 2015, https://www.redcrowmarketing.com/2015/09/10/many-ads-see-one-day/.

3.  Salman Aslam, "63 Facebook Statistics You Need to Know in 2021," Omnicore, Jan. 4, 2021, https://www.omnicoreagency.com/facebook-statistics/.

4.  Dustin W. Stout, "Social Media Statistics 2020: Top Networks by the Numbers," Dustin Stout, 2020, https://dustinstout.com/social-media-statistics/#instagram-stats.

5.  Salman Aslam, "YouTube by the Numbers: Stats, Demographics & Fun Facts, Omnicore, Jan. 3, 2021, https://www.omnicoreage ncy.com/youtube-statistics/.

6.  Joe Concha, "Adults spend more than 11 hours per day interacting with media: report," The Hill, Aug. 1, 2018, https://thehill.com/homenews/media/399819-adults-spend-more-than-11-hours-per-day-interacting-with-media-report.

7.  NetNewLedger, "Average Person Scrolls 300 Feet of Social Media Content Daily," NetNewsLedger, Jan. 1, 2018, http://www.netnewsledger.com/2018/01/01/average-person-scrolls-300-feet-social-

media-content-daily/.

8. Web Desk, "The Human Attention Span [INFOGRAPHIC], Digital Information World, Sept. 10, 2018, https://www.digitalinformationworld. com/2018/09/the-human-attention-span-infographic.html.

9. Salman Aslam, "63 Facebook Statistics You Need to Know in 2021," Omnicore, Jan. 4, 2021, https://www.omnicoreagency.com/facebook-statistics/.

10. Mary Lister, "33 Mind-Boggling Instagram Stats & Facts for 2018," WordStream, Aug. 26, 2019, https://www.wordstream.com/blog/ws/2017/04/20/instagram-statistics.

11. James Hale, "More Than 500 Hours of Content Are Now Being Uploaded to YouTube Every Minute," Tubefilter, May 7, 2019, https://www.tubefilter.com/2019/05/07/number-hours-video-uploaded-to-youtube-per-minute/.

12. Brad Bennett, "Around 40,000 songs are uploaded to Spotify every day," mobilesyrup, May 1, 2019, https://mobilesyrup.com/2019/05/01/40000-songs-uploaded-spotify-every-day/.

13. "The Keys to Get Consumer's Attention in 2019," YouTube video posted by GaryVee TV, Nov. 26, 2018, https://www.youtube.com/watch?time_continue=1&v=b54bP5Nmz1c&feature=emb_logo.

14. Martin Beck, "Facebook Defends Its 3-Second Video View Standard," Marketing Land, Aug. 7, 2015, https://marketingland.com/facebook-defends-its-3-second-video-view-standard-137823.

15. "The Keys to Get Consumer's Attention in 2019," YouTube video, posted by GaryVee TV, Nov. 26, 2018, https://www.youtube.com/watch?time_continue=1&v=b54bP5Nmz1c&feature=emb_logo.

16. Garyvee, "Kylie just sold 51% for $600m on attention arbitrage," Instagram, Nov. 18, 2019, https://www.instagram.com/tv/B5BvaBIgwe4 /?igshid=1w9lqw3zd5d5j.

17. Gary C. Halbert, "The Gary Halbert Letter," thegaryhalbertletter, 2005, http://www.thegaryhalbertletter.com/newsletters/2006/modesty_ personified.htm.

18. Entrepreneur Media Inc., "Unique Selling Proposition," Entrepreneur, 2020, http://www.entrepreneur.com/encyclopedia/unique-selling-proposition-usp.

19. Laura Lake, "What Is a Tagline?" the balance, Oct. 20, 2019, https://www.thebalancesmb.com/what-is-a-tagline-4017760.

20. Amy Watson, "Walt Disney revenue breakdown 2019," Statista, Nov. 11, 2019, https://www.statista.com/statistics/193140/revenue-of-the-walt-disney-company-by-operating-segment/.

21. Brooks Barnes, "Disney Is Spending More on Theme Parks Than It Did on Pixar, Marvel and Lucasfilm Combined," New York Times, Nov. 16, 2018, https://www.nytimes.com/interactive/2018/11/16/business/media/disney-invests-billions-in-theme-parks.html.

22. Nike Inc., "What Is Nike's Mission?" Nike, 2020, https://www.nike.com/help/a/nikeinc-mission.

23. Nike Inc., "Purpose Moves Us," Nike, 2020, https://purpose.nike.com/.

24. BJ Enoch, "Top 15 Influential Nike Sponsored Athletes on Social," Opendorse, Feb. 14, 2020, https://opendorse.com/blog/top-15-most-influential-gatorade-sponsored-athletes-on-social/.

25. Delia Paunescu, "Nike's high-tech Vaporfly sneakers help athletes run 4 percent faster. Should they be banned for providing an unfair advantage?"

Vox, Nov. 3, 2019, https://www.vox.com/recode/2019/11/3/20944257/ marathon-nike-shoes-running-sneakers-vaporfly-reset-podcast.

26. E. L. Hamilton, "Breakthrough: Over 100 years ago, an ingenious ad campaign for Pepsodent helped save the teeth of a nation," The Vintage News, Dec. 13, 2017, https://www.thevintagenews.com/2017/12/13/ pepsodent-iconic-ad/.

27. Wikipedia, "Public relations campaigns of Edward Bernays," Wikipedia, Jan. 20, 2020, https://en.wikipedia.org/wiki/Public_relations_ campaigns_of_Edward_Bernays.

28. Wikipedia, "Torches of Freedom," Wikipedia, Jan. 10, 2020, https:// en.wikipedia.org/wiki/Torches_of_Freedom.

29. Brandt, Allan M. (2007). The Cigarette Century. New York: Basic Books, pp. 84–85.

30. O'Keefe, Anne Marie; Pollay, Richard W. (1996). "Deadly Targeting of Women in Promoting Cigarettes," Journal of the American Medical Women's Association. 51 (1–2).

31. Eliza Ronalds-Hannon, and Kim Bhasin, "Even Wall Street Couldn't Protect Toms Shoes from Retail's Storm," Bloomberg, May 3, 2018, https://www.bloomberg.com/news/articles/2018-05-03/even-wall-street-couldn-t-protect-toms-shoes-from-retail-s-storm.

32. Katie Abel, "Can Blake Mycoskie's Bold New Social Agenda Reboot Toms?" FN and Footwear News, Mar. 25, 2019, https://footwearnews. com/2019/business/retail/toms-blake-mycoskie-interview-business-sales-mission-1202764082/.

33. 同上。

34. TOMS, "96.5 million lives impacted—and counting," TOMS, 2021,

https://www.toms.com/us/impact-report.html.

35. Blake Morgan, "Netflix and Late Fees: How Consumer-Centric Companies Are Changing the Tide," Forbes, Oct. 7, 2016, https://www.forbes.com/sites/blakemorgan/2016/10/07/netflix-late-fees-and-consumer-centric-ideas/#463faedb13ec.

36. Trefis Team, "A Closer Look at Netflix's Valuation," Forbes, Mar. 26, 2019, https://www.forbes.com/sites/greatspecula tions/2019/03/26/a-closer-look-at-netflixs-valuation-2/#731dd73328c7.

37. David Bloom, "Is Netflix Really Worth More Than Disney or Comcast?" Forbes, May 26, 2018, https://www.forbes.com/sites/dbloom/2018/05/26/netflix-disney-comcast-market-capitalization-valuation/#3edefb415618.

38. John Linden, "History of the Pickup Truck," Car Covers, 2020, https://www.carcovers.com/resources/history-of-the-pickup-truck.html.

39. Justin Bariso, "Elin Musk Made the Cybertruck 'Ugly' on Purpose—and It May Be the Smartest Thing He's Ever Done," Inc., Dec. 3, 2019, https://www.inc.com/justin-bariso/elon-musk-made-cybertruck-ugly-on-purpose-and-its-smartest-thing-hes-ever-done.html.

40. Tim Ferriss, "Feeling Stuck? Read This..." The Tim Ferris Show (blog), https://tim.blog/2011/01/31/feeling-stuck-read-this/#more-4680.

41. Chris Miller and Alex Mann, "20 years later, some still think 'Blair Witch Project' real," Las Vegas Review-Journal, Oct. 27, 2017, https://www.reviewjournal.com/entertainment/movies/20-years-later-some-still-think-blair-witch-project-real/.

42. Shawn Forno, "YouTube Pre-Roll Ad Length: Timing Is Everything," IdeaRocket, Oct. 17, 2019, https://idearocketanimat ion.com/15369-pre-

roll-ad-length/.

43. Ann-Christine Diaz, "Geico's 'Unskippable' from the Martin Agency Is Ad Age's 2016 Campaign of the Year," Ad Age, Jan. 25, 2016, https://adage.com/article/special-report-agency-alist-2016/geico-s-unskippable-ad-age-s-2016-campaign-year/302300.

44. "GEICO TV Commercial, 'Family Unskippable,'" iSpot.tv, 2016, https://www.ispot.tv/ad/7ajB/geico-family-unskippable#.

45. Justin Bariso, "Elon Musk Made the Cybertruck 'Ugly' on Purpose—and It May Be the Smartest Thing He's Ever Done," Inc., Dec. 3, 2019, https://www.inc.com/justin-bariso/elon-musk-made-cybertruck-ugly-on-purpose-and-its-smartest-thing-hes-ever-done.html.

46. "Eugene Schwartz Headline Formula," YouTube video, posted by Copy Skillz, Aug. 4, 2019, https://www.youtube.com/watch?v=lvqtqQUa6Qo.

47. Web Desk, "The Human Attention Span [INFOGRAPHIC], Digital Information World, Sept. 10, 2018, https://www.digitalinformationworld.com/2018/09/the-human-attention-span-infographic.html.

48. Erin Griffith, "BuzzFeed's Foodie Channels Are Blowing Up in Facebook," Fortune, Jan. 19, 2016, https://fortune.com/2016/01/19/buzzfeed-tasty-proper-tasty/.

49. CNBC Make It Staff, "This CEO sold his company for $1 billion—here's how he finds work-life balance," CNBC Make it, Feb. 6, 2019, https://www.cnbc.com/2019/02/06/dollar-shave-club-ceo-michael-dubin-work-life-balance.html.

50. Jia Wertz, "Taking Risks Can Benefit Your Brand—Nike's Kaepernick Campaign Is a Perfect Example," Forbes, Sept. 30, 2018, https://www.forbes.com/sites/jiawertz/2018/09/30/taking-risks-can-benefit-your-

brand-nikes-kaepernick-campaign-is-a-perfect-example/#71ec193e45aa.

51. "Red Bull Invests $65M on Space Jump As More Than 8 Million Watch on YouTube," Sports Business Daily Global, Oct. 16, 2012, https://www.sportsbusinessdaily.com/Global/Issues/2012/10/16/Marketing-and-Sponsorship/Red-Bull.aspx.

52. Dominic Rushe, "Skydiver Baumgartner lands safely on Earth after supersonic record," The Guardian, Oct. 15, 2012, https://www.theguardian.com/sport/2012/oct/14/felix-baumgartner-lands-safely-record.

53. "Reb Bull Invests $65M on Space Jump As More Than 8 Million Watch on YouTube," Sports Business Daily Global, Oct. 16, 2012, https://www.sportsbusinessdaily.com/Global/Issues/2012/10/16/Marketing-and-Sponsorship/Red-Bull.aspx.

54. Owen Gibson, "Red Bull and Felix Baumgartner take sponsorship to new heights," The Guardian, Oct. 15, 2012, https://www.theguardian.com/sport/blog/2012/oct/15/red-bull-felix-baumgartner-sponsorship.

55. Business Lunch with Roland Frasier, "A Golden Formula to Make Your Message Resonate, Craig Clemens," Apple Podcasts, 2020, https://podcasts.apple.com/us/podcast/business-lunch/id1442654104?i=1000429481263.

56. Ingrid Lunden, "Andrey Andreev sells stake in Bumble owner to Blackstone, Whitney Wolfe Herd now CEO of $3B dating apps business," Extra Crunch, Nov. 8, 2019, https://techcrunch.com/2019/11/08/badoos-andrey-andreev-sells-his-stake-in-bumble-to-blackstone-valuing-the-dating-app-at-3b/.

57. NPR How I Built This with Guy Raz, "Bumble: Whitney Wolfe," Apple

Podcasts, Oct. 16, 2017, https://podcasts.apple.com/us/podcast/how-i-built-this-with-guy-raz/id1150510297?i=1000436036734.

58. Jane Zupan, "The Data Behind Gillette's Ad Shows It Had the Biggest Impact with Women," Adweek, Jan. 22, 2019, https://www.adweek.com/brand-marketing/the-data-behind-gillettes-ad-shows-it-had-the-biggest-impact-with-women/.

59. Jia Wertz, "Taking Risks Can Benefit Your Brand—Nike's Kaepernick Campaign Is a Perfect Example," Forbes, Sept. 30, 2018, https://www.forbes.com/sites/jiawertz/2018/09/30/taking-risks-can-benefit-your-brand-nikes-kaepernick-campaign-is-a-perfect-example/#453918ef45aa.

60. Eric Barker, "How to get people to like you: 7 ways from an FBI behavior expert," Ladders, May 22, 2019, https://www.theladders.com/career-advice/how-to-get-people-to-like-you-7-ways-from-an-fbi-behavior-expert.

61. "The Real Reason Why Mark Cuban Doesn't Believe in Mentorship," YouTube video, posted by Inc., Apr. 8, 2019, https://www.youtube.com/watch?v=ppYrpChucQs.

62. Tom Huddleston Jr., "Ray Dalio says this tactic helped him from 'hardly any money' to successful billionaire," CNBC make it, Nov. 21, 2019, https://www.cnbc.com/2019/11/21/tactic-helped-bridgewater-asscociates-ray-dalio-become-a-billionaire.html.

63. "Hostage Negotiation Techniques That Will Get You What You Want," Bakadesuyo, https://www.bakadesuyo.com/2013/06/hostage-negotiation/.

64. Muri Assuncao, "12 Times Lady Gaga Showed Love for the LGBTQ Community," Billboard, Sept. 20, 2018, https://www.billboard.com/

articles/news/pride/8475993/lady-gaga-12-times-showed-love-for-lgbtq-community.

65. Merriam-Webster, "pitch," 2020, https://www.merriam-webster.com/dictionary/pitch.

66. "Fitness Trainers and Instructors," U.S. Bureau of Labor Statistics, Sept. 4, 2019, https://www.bls.gov/ooh/personal-care-and-service/fitness-trainers-and-instructors.htm.

67. Jay Shetty, "My Story," 2020, https://jayshetty.me/.

68. Matt Marshall, "They did it! YouTube bought by Google for $1.65B in less than two years," Venture Beat, Oct. 9, 2006, https://venturebeat.com/2006/10/09/they-did-it-youtube-gets-bought-by-gooogle-for-165b-in-less-than-two-years/.

69. John Lynch, " 'Game of Thrones' star Sophie Turner says she beat out a 'far better actress' for a job because she has millions of social followers," Business Insider, Aug. 2, 2017, https://www.businessinsider.com/game-of-thrones-star-sophie-turner-says-she-got-role-due-to-social-media-following-2017-8.

70. Interview Valet, "About Us," 2020, https://interviewvalet.com/about-us/.

71. Robert Anthony, "Bobby Lee Eats Hot Wings and Poops His Pants," Elite Daily, Oct. 27, 2016, https://www.elitedaily.com/envision/food/spicy-wings-eaten-guy-poops-pants/1673578.

72. Anthony Tucker, "3 56 am: man steps on to the moon," The Guardian, Jul. 21, 1969, https://www.theguardian.com/theguardian/from-the-archive-blog/2011/jun/01/newspapers-national-newspapers.

73. Todd Spangler, "Netflix Projected to Spend More Than $17 Billion on Content in 2020," Variety, Jan. 16, 2020, https://variety.com/2020/

digital/news/netflix-2020-content-spending-17-billion-1203469237/.

74. Frank Pallotta, "Disney spared no expense in building Star Wars: Galaxy's Edge," CNN Business, May, 30, 2019, https://www.cnn.com/2019/05/29/media/star-wars-land-galaxys-edge-opening/index.html.

BIG 378

# 鉤引行銷：在訊息爆炸的時代運用鉤引點，只要 3 秒鐘就能突圍而出

作　　者－布蘭登‧肯恩（Brendan Kane）
譯　　者－陳映竹
主　　編－陳家仁
編　　輯－黃凱怡
企　　劃－藍秋惠
協力編輯－巫立文
封面設計－江孟達
內頁設計－李宜芝

總 編 輯－胡金倫
董 事 長－趙政岷
出 版 者－時報文化出版企業股份有限公司
　　　　　108019 臺北市和平西路三段 240 號 4 樓
　　　　　發行專線－ (02)2306-6842
　　　　　讀者服務專線－ 0800-231-705‧(02)2304-7103
　　　　　讀者服務傳真－ (02)2304-6858
　　　　　郵撥－ 19344724 時報文化出版公司
　　　　　信箱－ 10899 臺北華江橋郵局第 99 信箱
時報悅讀網－ http://www.readingtimes.com.tw
法律顧問－理律法律事務所 陳長文律師、李念祖律師
印　　刷－勁達印刷有限公司
初版一刷－ 2022 年 1 月 7 日
初版二刷－ 2022 年 6 月 15 日
定　　價－新臺幣 400 元
（缺頁或破損的書，請寄回更換）

時報文化出版公司成立於一九七五年，
並於一九九九年股票上櫃公開發行，於二〇〇八年脫離中時集團非屬旺中，
以「尊重智慧與創意的文化事業」為信念。

鉤引行銷：在訊息爆炸的時代運用鉤引點，只要 3 秒鐘就能突圍而出 / 布蘭登 . 肯恩 (Brendan
Kane) 作；陳映竹譯 . -- 初版 . -- 臺北市：時報文化出版企業股份有限公司 , 2022.01
336 面；14.8 x 21 公分 . -- (Big；378)

譯自：Hook point : how to stand out in a 3-second world

ISBN 978-957-13-9786-3（平裝）

1. 網路行銷 2. 品牌行銷

496                                                                      110020318

**ISBN 978-957-13-9786-3**
Printed in Taiwan